Windows Server 2022

Active Directory 配置实战

Active Directory 配置实战

戴有炜 著

清华大学出版社

北京

内 容 简 介

本书是微软技术专家最新推出的Windows Server 2022两卷力作中的Active Directory配置实战篇。

本书延续了作者一贯的写作风格，通过大量的实例演示，将理论与实际操作相结合，并以简明易懂的文字进行描述，内容丰富，图文并茂。本书共分16章，内容包括Active Directory域服务、创建AD DS域、域用户与组账户的管理、利用组策略管理用户工作环境、利用组策略部署软件、限制软件的执行、建立域树和林、管理域与林的信任、AD DS数据库的复制、操作主机的管理、AD DS的维护、将资源发布到AD DS、自动信任根CA、利用WSUS部署更新程序、AD RMS企业文件版权管理以及AD DS与防火墙。

本书既适合广大初中级网络技术人员、网络管理和维护人员阅读，也可作为高等院校相关专业和技术培训班的教学用书，同时还可以作为微软认证考试的参考用书。

本书为碁峰资讯股份有限公司授权出版发行的中文简体字版本。

北京市版权局著作权合同登记号　图字：01-2022-7130

图书在版编目（CIP）数据

Windows Server 2022 Active Directory 配置实战/戴有炜著. —北京：清华大学出版社，2023.9
ISBN 978-7-302-64624-2

Ⅰ．①W… Ⅱ．①戴… Ⅲ．①Windows 操作系统—网络服务器 Ⅳ．①TP316.86

中国国家版本馆 CIP 数据核字（2023）第 178013 号

责任编辑：赵　军
封面设计：王　翔
责任校对：闫秀华
责任印制：宋　林

出版发行：清华大学出版社
　　　　网　　　址：http://www.tup.com.cn，http://www.wqbook.com
　　　　地　　　址：北京清华大学学研大厦 A 座　　　　　　邮　　编：100084
　　　　社 总 机：010-83470000　　　　　　　　　　　　邮　　购：010-62786544
　　　　投稿与读者服务：010-62776969，c-service@tup.tsinghua.edu.cn
　　　　质量反馈：010-62772015，zhiliang@tup.tsinghua.edu.cn
印 装 者：小森印刷霸州有限公司
经　　销：全国新华书店
开　　本：190mm×260mm　　　印　　张：23　　　字　　数：621 千字
版　　次：2023 年 10 月第 1 版　　　印　　次：2023 年 10 月第 1 次印刷
定　　价：109.00 元

产品编号：100259-01

序

感谢读者长久以来的支持与爱护！这套Windows Server 2022书籍延续了我一贯的写作风格，始终站在读者的角度思考，并以实践的观点为基础进行编写。我花费了相当多的时间不断测试与验证书中所叙述的内容，并结合多年的教学经验，以易于理解的方式进行编写，希望能够协助读者迅速掌握Windows Server 2022的知识。

本套书的宗旨是希望通过清晰的实践操作，让读者充分了解Windows Server 2022，进而能够轻松管理Windows Server 2022的网络环境。因此，书中不仅有详尽的理论解释，还提供了丰富的范例。对于准备参加微软认证考试的读者来说，这套书更是不可或缺的实践参考手册。

学习网络操作系统时，首先应注重的是实际操作，唯有通过实际演练书中介绍的各项技术，才能真正了解并掌握它们。因此，建议读者利用Microsoft Hyper-V、VMware Workstation或Oracle VirtualBox等提供虚拟环境的软件，来搭建书中所述的网络测试环境。

本套书分为《Windows Server 2022系统与网站配置实战》与《Windows Server 2022 Active Directory配置实战》两本，内容丰富而翔实。我相信它们不会辜负读者的期望，并能为读者学习Windows Server 2022提供帮助。

戴有炜

目　　录

第 1 章 Active Directory 域服务 (AD DS)

在 Windows Server 的网络环境中，Active Directory 域服务（Active Directory Domain Services，AD DS）提供了各种强大的功能来组织、管理与控制网络资源。

- ⮞ 1.1 Active Directory 域服务概述
- ⮞ 1.2 域功能级别与林功能级别
- ⮞ 1.3 Active Directory 轻型目录服务

1.1　Active Directory域服务概述

什么是**directory**呢？日常生活中的电话簿内记录着亲朋好友的姓名与电话等数据，这是**telephone directory**（电话目录）；计算机中的文件系统（file system）内记录着文件的文件名、大小与日期等数据，这是**file directory**（文件目录）。

如果有系统能对这些directory内的数据加以整理，那么用户就能够很容易地快速查找到所需数据，而directory service（目录服务）所提供的服务就是让用户容易且快速地在Directory内查找所需数据。

Active Directory域内的directory database（目录数据库）被用来存储用户账户、计算机账户、打印机与共享文件夹等对象，而提供目录服务的组件就是**Active Directory域服务（AD DS）**，它负责目录数据库的存储、添加、删除、修改与查询等工作。

1.1.1　Active Directory域服务的适用范围

Active Directory域服务的适用范围（scope）非常广泛，可以用在单台计算机、小型局域网络（LAN）或多个广域网（WAN）的组合。它涵盖了该范围中的所有对象，例如文件、打印机、应用程序、服务器、域控制器与用户账户等。

1.1.2　命名空间

命名空间（namespace）是一个界定好的区域（bounded area），在此区域内，我们可以利用某个名称来找到与此名称有关的信息。例如一本电话簿就是一个**命名空间**，在这本电话簿内（界定好的区域内），我们可以利用姓名来找到此人的电话、地址与生日等数据。又例如Windows操作系统的NTFS文件系统也是一个**命名空间**，在此文件系统内，我们可以利用文件名来找到此文件的大小、修改日期与文件内容等数据。

Active Directory域服务（AD DS）也是一个**命名空间**，利用它，我们可以通过对象名称来找到与此对象有关的所有信息。

在TCP/IP网络环境内利用域名系统（Domain Name System，DNS）来解析主机名与IP地址的对应关系，例如通过DNS来得知主机的IP地址。AD DS也与DNS紧密地集成在一起，它的域名**空间**也是采用DNS架构，因此域名采用DNS格式来命名，例如可以将AD DS的域名命名为sayms.local。

1.1.3　对象与属性

AD DS内的资源是以**对象**（object）的形式存在，例如用户、计算机等都是对象，而对象通过**属性**（attribute）来描述其特征，也就是说对象本身是一些**属性**的集合。例如，如果要为用户**王乔治**创建账户，则需添加一个对象类型（object class）为**用户**（user）的对象（也就是用户账户），然后在此对象内输入**王乔治**的姓、名、登录账户与地址等信息，其中的用户账户就是对象，而姓、名与登录账户等就是该对象的属性（见表1-1-1）。另外，图1-1-1中的王**乔治**就是对象类型为**用户**的对象。

表1-1-1　创建对象和属性

对象（object）	属性（attributes）
用户（user）	姓 名 登录账户 地址 ……

图 1-1-1

1.1.4　容器与组织单位

容器（container）与对象相似，也有自己的名称，也是一些属性的集合，不过容器内可以包含其他对象（例如**用户**、**计算机**等），也可以包含其他容器。而组织单位（organization units，OU）是一个比较特殊的容器，其内除了可以包含其他对象与组织单位之外，还有**组策略**（group policy）的功能。

如图1-1-2所示就是一个名称为**业务部**的组织单位，其内包含多个对象，其中有两个**计算机**对象、两个**用户**对象与两个本身也是组织单位的对象。AD DS以层级结构（hierarchical）将对象、容器与组织单位等组合在一起，并将它们存储到AD DS数据库内。

图 1-1-2

1.1.5 域树

我们可以搭建包含多个域的网络，而且网络以域树（domain tree）的形式存在，例如图1-1-3就是一棵域树，其中最上层的域名为sayms.local，它是此域树的根域（root domain）；根域之下还有两个子域（sales.sayms.local与mkt.sayms.local），之下总共还有3个子域。

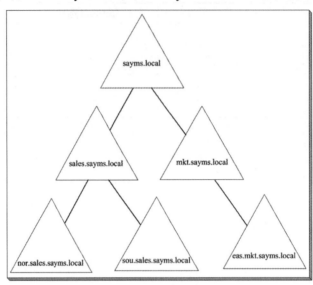

图 1-1-3

图中域树符合DNS域名空间的命名原则，而且具有连续性，也就是子域的域名中包含其父域的域名，例如域sales.sayms.local的后缀中包含其前一层（父域）的域名sayms.local，而nor.sales.sayms.local的后缀中包含其前一层的域名sales.sayms.local。

域树内的所有域共享一个 AD DS，也就是在此域树之下只有一个AD DS，不过其中的数据分散存储在各域内，每一个域内只存储隶属于该域的数据，例如该域内的用户账户（存储在域控制器内）。

1.1.6 信任

两个域之间必须拥有信任关系（trust relationship），才可以访问对方域内的资源。而任何一个新的AD DS域被加入域树后，这个域会自动信任其上一层的父域，同时父域也会自动信任此新的子域，而且这些信任关系具备双向传递性（two-way transitive）。由于此信任工作是通过Kerberos security protocol来完成的，因此也被称为Kerberos trust。

 域A的用户登录到其所隶属的域后，这个用户可否访问域B内的资源呢？

 只要域B信任域A就没有问题。

我们以图1-1-4来解释双向传递性，图中域A信任域B（箭头由A指向B）、域B又信任域C，因此域A自动信任域C；另外域C信任域B（箭头由C指向B）、域B又信任域A，因此域C自动信任域A。结果是域A和域C之间自动有着双向的信任关系。

图 1-1-4

因此，当任何一个新域加入域树后，它会自动双向信任这个域树内所有的域，所以只要拥有适当权限，这个新域内的用户便可以访问其他域内的资源；同理，其他域内的用户也可以访问这个新域内的资源。

1.1.7 林

林（forest）由一棵或多棵域树组成，每一棵域树都有自己唯一的命名空间，如图1-1-5所示，其中一棵域树内的每一个域名都是以sayms.local结尾，而另一棵域树内的每一个域名则都是以say365.local结尾。

第一棵域树的根域，就是整个林的根域（forest root domain），同时其域名就是林的名称。例如图1-1-5中的sayms.local是第一棵域树的根域，它就是整个林的根域，而林名称就是sayms.local。

图 1-1-5

当创建林时，每一棵域树的根域与林根域之间会自动建立起双向可传递的信任关系。因此，在每一棵域树中的每一个域内，只要用户拥有相应的权限，就可以访问其他任何一棵域树内的资源，也可以登录到其他任何一棵域树内的成员计算机上。

1.1.8 架构

AD DS对象的类型与属性数据定义在**架构**（schema）内，例如它定义了**用户**对象类型内包含的属性（姓、名、电话等）、每一个属性的数据类型等信息。

隶属于Schema Admins组的用户可以修改**架构**内的数据，应用程序也可以自行在**架构**内添加所需的对象类型或属性。在一个林内的所有域树共享相同的**架构**。

1.1.9 域控制器

AD DS的目录数据存储在域控制器内。一个域内可以有多台域控制器（domain controller），每一台域控制器的地位（几乎）是平等的，它们各自存储着一份相同的AD DS数据库。当在任何一台域控制器内添加一个用户账户后，此账户默认被创建在此域控制器的AD DS数据库中，之后会自动被复制（replicate）到其他域控制器的AD DS数据库（见图1-1-6），以便让所有域控制器内的AD DS数据库都能够同步（synchronize）。

图1-1-6

当用户在某台域成员计算机登录时，会由其中一台域控制器根据其AD DS数据库内的账户数据，来审核用户所输入的账户与密码是否正确。如果是正确的，那么用户就可以成功登录；反之，会被拒绝登录。

多台域控制器还可以改善用户的登录效率，因为多台域控制器可以分担审核用户登录身份（账户名称与密码）的负担。另外它也可以提供容错功能，即使其中一台域控制器有故障，其他域控制器仍然能够继续提供服务。

域控制器是由服务器级别的计算机来扮演的，例如Windows Server 2022、Windows Server 2019、Windows Server 2016等。

1.1.10　只读域控制器

只读域控制器（Read-Only Domain Controller，RODC）的AD DS数据库只可以被读取，不可以被修改，也就是说用户或应用程序无法直接修改RODC的AD DS数据库。RODC的AD DS数据库内容只能够从其他**可读写域控制器**复制过来。RODC主要是设计给远程分公司来使用，因为一般来说远程分公司的网络规模比较小、用户人数比较少，此网络的安全措施或许不如总公司完备，同时也可能比较缺乏IT技术人员，采用RODC可避免因其AD DS数据库被破坏而影响到整个AD DS环境的运行。

1. RODC的AD DS数据库内容

RODC的AD DS数据库内会存储AD DS域内的所有对象与属性，但是用户账户的密码除外。远程分公司内的应用程序要读取AD DS数据库内的对象时，可以通过RODC来快速获取。不过因为RODC并不存储用户的密码，所以在验证用户名与密码时，仍然需要将它们发送到总公司的可读写域控制器来验证。

由于RODC的AD DS数据库是只读的，因此当远程分公司的应用程序要更改AD DS数据库的对象（或用户要更改密码）时，这些更改要求都会被提交到总公司的可读写域控制器来处理，总公司的可读写域控制器再通过AD DS数据库的复制程序将这些更新数据复制到RODC。

2. 单向复制（unidirectional replication）

当总公司的可读写域控制器的AD DS数据库发生变化时，变化数据会被复制到RODC。然而因用户或应用程序无法直接更改RODC的AD DS数据库，故企业分支机构不会把更新数据复制到总公司的可读写域控制器，因而可以降低网络的负担。

除此之外，可读写域控制器通过DFS分布式文件系统将SYSVOL文件夹（用来存储组策略的相关设置）复制给RODC，采用的也是单向复制。

3. 认证缓存（credential caching）

RODC在验证用户的密码时，仍然需要将它们发送到总公司的可读写域控制器来验证，如果希望加快验证速度，可以选择将用户的密码存储到RODC的认证缓存区，不过需要通过**密码复制策略**（password replication policy）来选择可以被RODC缓存的账户。建议不要缓存太多账户，因为分公司的安全措施可能比较差，如果RODC被入侵，存储在缓存区内的认证信息就可能会外泄。

4. 系统管理员角色隔离（administrator role separation）

可以通过**系统管理员角色隔离**来将任何一位域用户委派为RODC的本地系统管理员，他可以登录RODC这台域控制器执行管理工作，例如更新驱动程序等，但他无法执行其他域的管理工作，也无法登录其他域控制器。此功能可以将RODC的一般管理工作委派给用户，但却不会危害到域安全。

5. 只读域名系统（read-only domain name system）

可以在RODC上搭建DNS服务器，RODC会复制DNS服务器的所有应用程序目录分区。客户端可以向这台RODC角色的DNS服务器提出DNS查询要求。

不过RODC的DNS服务器不支持客户端直接动态更新，因此客户端的更新记录请求会被该DNS服务器提交到其他DNS服务器，让客户端转向其他DNS服务器更新，而RODC的DNS服务器也会自动从这台DNS服务器复制这次更新记录。

1.1.11　可重启的AD DS

如果要进行AD DS数据库维护工作（例如数据库脱机重整），那么可以选择进入**目录服务还原模式**（directory service restore mode，或译为**目录服务修复模式**）来完成此工作。不过需要先重新启动计算机，再进入**目录服务还原模式**。如果这台域控制器同时提供其他网络服务，例如它同时也是DHCP服务器，则重新启动计算机期间将造成DHCP服务暂时中断。

Windows Server 2022系统提供了**可重启的AD DS**（Restartable AD DS）功能，也就是说如果要执行AD DS数据库维护工作，则只需将AD DS服务停止即可，不需要通过重新启动计算机来进入**目录服务还原模式**，如此不但可以让AD DS数据库的维护工作变得更容易、更快速，而且其他服务也不会被中断。完成维护工作后再重新启动AD DS服务即可。

在AD DS服务停止的情况下，只要还有其他域控制器在线，则仍然可以在这台AD DS服务已经停止的域控制器上利用域用户账户来登录。如果没有其他域控制器在线，则在这台AD DS服务已停止的域控制器上，默认只能够使用**目录服务还原模式**的系统管理员账户来进入**目录服务还原模式**。

1.1.12　Active Directory回收站

系统管理员如果不小心删除了AD DS对象，则将造成不少困扰，例如如果误删组织单位，则其内所有对象都会不见，此时虽然系统管理员可以进入**目录服务还原模式**来恢复被误删的对象，但比较耗费时间，而且在进入**目录服务还原模式**这段时间内，域控制器会暂时停止对客户端提供服务。**Active Directory回收站**让系统管理员不需要进入**目录服务还原模式**就可以快速恢复被删除的对象。

1.1.13　AD DS的复制模式

域控制器之间在复制AD DS数据库时，分为以下两种复制模式：

- **多主机复制模式**（multi-master replication model）：AD DS数据库内的大部分数据是使用此模式进行复制。在此模式下，可以直接更新任何一台域控制器内的AD DS对象，之后这个更新过的对象会被自动复制到其他域控制器。例如当在任何一台域控制器的AD DS数据库内添加一个用户账户后，此账户会被自动复制到域内的其他域控制器。

- **单主机复制模式**（single-master replication model）：AD DS数据库内少量数据是使用**单主机复制模式**进行复制。在此模式下，当提出**更改**对象数据的**请求**时，会由其中一台域控制器（被称为**操作主机**）负责接收与处理此要求，也就是说该对象首先在**操作主机**上进行更新，再由**操作主机**将它复制给其他域控制器。例如，当添加或删除一个域时，此更改信息会先被写入扮演**域命名操作主机**角色的域控制器内，再由它复制给其他域控制器（见第10章）。

1.1.14　域中的其他成员计算机

如果想要完全管理网络内的计算机，可以将它们加入域。用户在域成员计算机上才能利用AD DS数据库内的域用户账户来登录，在未加入域的计算机上只能够利用本地用户账户登录。域中的成员计算机包括：

- 成员服务器（member server），例如：

    - Windows Server 2022 Datacenter/Standard
    - Windows Server 2019 Datacenter/Standard
    - Windows Server 2016 Datacenter/Standard
    - ……

上述服务器级别的计算机加入域后被称为**成员服务器**，但其内并没有AD DS数据库，它们也不负责审核AD DS域用户名称与密码，而是提交给域控制器来审核。未加入域的服务器被称为**独立服务器**（或**工作组服务器**）。但不论是独立服务器还是成员服务器，都有**本地安全账户数据库**（SAM），系统可以利用它来审核本地用户（非AD DS域用户）的身份。

- 其他常用的Windows计算机，例如：

    - Windows 11 Enterprise/Pro/Education
    - Windows 10 Enterprise/Pro/Education
    - Windows 8.1Enterprise/Pro
    - Windows 8 Enterprise/Pro
    - ……

当上述客户端计算机加入域以后，用户就可以在这些计算机上利用AD DS内的用户账户来登录，否则只能够利用本地用户账户来登录。

可以将Windows Server 2022、Windows Server 2019等独立服务器或成员服务器升级为域控制器，也可以将域控制器降级为独立服务器或成员服务器。

> 较低的版本，例如Windows 11 Home、Windows 10 Home等计算机无法加入域，因此只能够利用本地用户账户来登录。

1.1.15　DNS服务器

域控制器需将自己注册到DNS服务器内，以便让其他计算机通过DNS服务器来找到自己，因此域环境需要具备可支持AD DS的DNS服务器。此服务器最好支持**动态更新**（dynamic update）功能，以便当域控制器的角色有变化或域成员计算机的IP地址等数据有变化时，可以自动更新DNS服务器内的记录。

1.1.16　轻量级目录访问协议

轻量级目录访问协议（Lightweight Directory Access Protocol，LDAP）是一种用来查询与更新AD DS数据库的目录服务通信协议。AD DS是利用**LDAP命名路径**（LDAP naming path）来表示对象在AD DS数据库内的位置，以便用它来访问AD DS数据库内的对象。**LDAP命名路径**包含：

- **标识名称**（Distinguished Name，DN）：它是对象在AD DS内的完整路径，例如在图1-1-7中，用户账户名称为**林小洋**，其DN为：

  CN=林小洋,OU=业务一组,OU=业务部,DC=sayms,DC=local

  其中DC（domain component，域名组件）为DNS域名中的组件，例如sayms.local中的sayms与local；OU为组织单位；CN（common name）为通用名称，一般为用户名或计算机名。除了DC与OU之外，其他都是利用CN来表示，例如用户与计算机对象都属于CN。上述DN表示法中的**sayms.local**为域名，**业务部、业务一组**都是组织单位。此DN表示账户林小洋是存储在**sayms.local\业务部\业务一组**路径内。

图1-1-7

- **相对标识名称**（Relative Distinguished Name，RDN）：RDN用来代表DN完整路径中的部分路径，例如前述路径中，CN=林小洋与OU=业务一组等都是RDN。

除了DN与RDN这两个对象名称外，还有以下名称：

- **全局唯一标识**（Global Unique Identifier，GUID）：系统会自动为每一个对象指定一个唯一的、128位数值的GUID。虽然可以更改对象名称，但其GUID永远不会改变。
- **用户主体名称**（User Principal Name，UPN）：每一个用户还可以有一个比DN更短、更容易记忆的UPN，例如图1-1-7中的林小洋隶属域sayms.local，则其UPN可为bob@sayms.local。用户登录时所输入的账户名称最好使用UPN，因为无论此用户的账户被移动到哪一个域，其UPN都不会改变，所以用户可以一直使用同一个名称来登录。
- **服务器主体名称**（Service Principal Name，SPN）：SPN是一个内含多重设置值的名称，它根据DNS主机名来创建。SPN用来代表某台计算机所支持的服务，它让其他计算机可以通过SPN来与这台计算机的服务通信。

1.1.17　全局编录

虽然在域树内的所有域共享一个AD DS数据库，但其数据分散在各个域内，而每一个域只存储该域本身的数据。为了让用户、应用程序能够快速找到位于其他域内的资源，在AD DS内便设计了**全局编录**（global catalog）。一个林内的所有域树共享相同的**全局编录**。

全局编录的数据存储在域控制器内，这台域控制器可被称为**全局编录服务器**。虽然它存储着林内所有域的AD DS数据库内的所有对象，但是它只存储对象的部分属性，这些属性都是平常会被用来搜寻的属性，例如用户的电话号码、登录账户名称等。**全局编录**让用户即使不知道对象位于哪一个域内，也仍然可以快速地找到所需对象。

用户登录时，**全局编录服务器**还负责提供该用户所隶属的**通用组**（后述）信息；用户利用UPN登录时，**全局编录服务器**也负责提供用户隶属于哪一个域的信息。

1.1.18　站点

站点（site）由一个或多个IP子网组成，这些子网之间通过**高速且可靠的链路**连接起来，也就是这些子网之间的连接速度要快且稳定，符合需求，否则就应该将它们分别规划为不同的站点。

一般来说，一个LAN（局域网）之内的各个子网之间的链路都符合速度快且高可靠度的要求，因此可以将一个LAN规划为一个站点；而WAN（广域网）内的各个LAN之间的连接速度一般都比较慢，因此WAN之中的各个LAN应分别规划为不同的站点，如图1-1-8所示。

域是逻辑的（logical）分组，而站点是物理的（physical）分组。在AD DS内每一个站点可能内含多个域；而一个域内的计算机们也可能分别散布在不同的站点内。

如果一个域的域控制器分布在不同站点内，而站点之间是低速链路，则由于不同站点的域控制器之间会互相复制AD DS数据库，因此为了避免复制时占用站点之间链路的带宽，影响站点之间其他数据的传输效率，需谨慎规划执行复制的时段，也就是尽量在离峰时期才执行复制工作，同时复制频率不要太高。

图 1-1-8

同一个站点内的域控制器之间通过快速链路连接在一起，因此在复制AD DS数据时，可以快速复制。AD DS会设置让同一个站点内、隶属于同一个域的域控制器之间自动执行复制工作，且默认的复制频率也比不同站点之间的复制频率高。

不同站点之间在复制时所传送的数据会被压缩，以减少站点之间链路带宽的负担；但是同一个站点内的域控制器之间在复制时并不会压缩数据。

1.1.19　目录分区

AD DS数据库被逻辑地分为以下多个目录分区（directory partition）：

- **架构目录分区（schema directory partition）**：它存储着整个林中所有对象与属性的定义数据，也存储着创建新对象与属性的规则。整个林内所有域共享一份相同的**架构目录分区**，它会被复制到林中所有域的所有域控制器中。

- **配置目录分区（configuration directory partition）**：其内存储着整个AD DS的结构，例如有哪些域、有哪些站点、有哪些域控制器等资料。整个林共享一份相同的**配置目录分区**，它会被复制到林中所有域的所有域控制器中。

- **域目录分区（domain directory partition）**：每一个域各有一个**域目录分区**，其内存储着与该域有关的对象，例如用户、组与计算机等对象。每一个域各自拥有一份**域目录分区**，它只会被复制到该域内的所有域控制器中，并不会被复制到其他域的域控制器中。

- **应用程序目录分区（application directory partition）**：一般来说，它是由应用程序创建的，其内存储着与该应用程序有关的数据。例如由Windows Server 2022扮演的DNS服务器，如果所创建的DNS区域为**Active Directory集成区域**，则它便会在AD

DS数据库内创建应用**程序目录分区**，以便存储该区域的数据。**应用程序目录分区会**被复制到林中的特定域控制器中，而不是所有的域控制器。

1.2 域功能级别与林功能级别

AD DS将域与林划分为不同的功能级别，每个级别各有不同的特色与限制。

1.2.1 域功能级别

Active Directory域服务的**域功能级别**（domain functionality level）设置只会影响到该域本身，不会影响到其他域。**域功能级别**分为以下几种模式：

- **Windows Server 2008**：域控制器需Windows Server 2008或新版。
- **Windows Server 2008 R2**：域控制器需Windows Server 2008 R2或新版。
- **Windows Server 2012**：域控制器需Windows Server 2012或新版。
- **Windows Server 2012 R2**：域控制器需Windows Server 2012 R2或新版。
- **Windows Server 2016**：域控制器需Windows Server 2016或新版。

其中的Windows Server 2016级别拥有AD DS的所有功能。可以提升域功能级别，例如将Windows Server 2012 R2提升到Windows Server 2016。

Windows Server 2022、Windows Server 2019并未添加新的域功能级别与林功能级别，目前最高级别仍然是**Windows Server 2016**。

1.2.2 林功能级别

Active Directory域服务的**林功能级别**（forest functionality level）设置，会影响到该林内的所有域。**林功能级别**分为以下几种模式：

- **Windows Server 2008**：域控制器需Windows Server 2008或新版。
- **Windows Server 2008 R2**：域控制器需Windows Server 2008 R2或新版。
- **Windows Server 2012**：域控制器需Windows Server 2012或新版。
- **Windows Server 2012 R2**：域控制器需Windows Server 2012 R2或新版。
- **Windows Server 2016**：域控制器需Windows Server 2016或新版。

其中的Windows Server 2016级别拥有AD DS的所有功能。可以提升林功能级别，例如将Windows Server 2012 R2提升到Windows Server 2016。

表1-2-1中列出每一个林功能级别所支持的域功能级别。

表1-2-1　林功能级别所支持的域功能级别

林功能级别	支持的域功能级别
Windows Server 2008	Windows Server 2008、Windows Server 2008 R2、Windows Server 2012、Windows Server 2012 R2、Windows Server 2016
Windows Server 2008 R2	Windows Server 2008 R2、Windows Server 2012、Windows Server 2012 R2、Windows Server 2016
Windows Server 2012	Windows Server 2012、Windows Server 2012 R2、Windows Server 2016
Windows Server 2012 R2	Windows Server 2012 R2、Windows Server 2016
Windows Server 2016	Windows Server 2016

1.3　Active Directory轻型目录服务

我们从前面的介绍已经知道AD DS数据库是一个符合LDAP规范的目录服务数据库，它除了可以用来存储AD DS域内的对象（例如用户账户、计算机账户等）之外，也提供**应用程序目录分区**，以便让支持目录访问的应用程序（directory-enabled application）可以将该程序的相关数据存储到AD DS数据库内。

然而前面所介绍的环境，必须创建AD DS域与域控制器才能够使用AD DS目录服务与数据库。为了让没有域的环境也能够拥有跟AD DS一样的目录服务，因此便提供了一个称为**Active Directory轻型目录服务**（Active Directory Lightweight Directory Services，**AD LDS**）的服务。

AD LDS支持在计算机内创建多个目录服务的环境，每一个环境被称为一个**AD LDS实例**（instance），每一个**AD LDS实例**分别拥有独立的目录设置与架构（schema），也分别拥有专属的目录数据库，以供支持目录访问的应用程序来使用。

在Windows Server 2022内安装AD LDS角色的方法如下：【单击左下角的**开始图标**⊞ ⊃**服务器管理器**⊃单击**仪表板**处的**添加角色及功能**⊃一直单击"下一步"按钮⊃如图1-3-1所示选择 **Active Directory轻型目录服务**⊃……】。之后就可以通过以下方法来创建**AD LDS实例**：【单击左下角的**开始图标**⊞ ⊃**Windows管理工具**⊃**Active Directory轻型目录服务安装向导**】。也可以通过【单击左下角的**开始图标**⊞ ⊃**Windows管理工具**⊃**ADSI编辑器**】来管理**AD LDS实例**内的目录设置、架构、对象等。

图1-3-1

第 2 章　创建 AD DS 域

创建AD DS域环境后，就可以通过AD DS的强大功能更加容易、高效地管理网络。

- 2.1 创建AD DS域前的准备工作
- 2.2 创建AD DS域
- 2.3 确认AD DS域是否正常
- 2.4 提升域与林功能级别
- 2.5 新建额外域控制器与RODC
- 2.6 RODC阶段式安装
- 2.7 将Windows计算机加入或脱离域
- 2.8 在域成员计算机内安装AD DS管理工具
- 2.9 删除域控制器与域

2.1　创建AD DS域前的准备工作

要创建AD DS域，可以先安装一台服务器，然后将它升级（promote）为域控制器。在创建AD DS域前，需先确认以下的准备工作是否已经完成：

- 选择适当的DNS域名。
- 准备好一台用来支持AD DS的DNS服务器。
- 选择AD DS数据库的存储位置。

2.1.1　选择适当的DNS域名

AD DS域名采用的是DNS的架构与命名方法，因此先为AD DS域取一个符合DNS格式的域名，例如sayms.local（本书皆以虚拟的**最高层域名**.local为例来说明）。

2.1.2　准备好一台支持AD DS的DNS服务器

在AD DS域中，域控制器会将它所扮演的角色注册到DNS服务器内，以便让其他计算机通过DNS服务器来找到自己，因此需要一台DNS服务器，且它需支持SRV记录（Service Location Resource Record，服务位置资源记录），最好也支持**动态更新**与**增量区域传输**（Incremental Zone Transfer，IXFR）等功能：

- **SRV记录**：域控制器需将它所扮演的角色注册到DNS服务器的SRV记录内，因此DNS服务器需支持SRV记录。Windows Server 的DNS服务器与BIND DNS服务器都支持此功能。
- **动态更新**：如果未支持此功能，则域控制器将无法自动将自己注册到DNS服务器的SRV记录内，此时需由管理员手动将数据输入DNS服务器，如此会增加管理负担。Windows Server与BIND的DNS服务器都支持此功能。
- **增量区域传输**：它让DNS服务器与其他DNS服务器在执行**区域转送**（zone transfer）时，只会复制最新变化记录，而不会复制区域内的所有记录。它可以提升复制效率，减少网络负担。Windows Server 与BIND的 DNS服务器都支持此功能。

可以采用以下两种方法之一来搭建DNS服务器：

- 在将服务器升级为域控制器时，顺便让系统自动在这台服务器上安装 DNS服务器。它还会自动创建一个支持AD DS域的DNS区域，例如AD DS域名为sayms.local，则它自动创建的区域名称为sayms.local，并会自动启用动态更新。
  需先在这台即将成为域控制器与DNS服务器的计算机上清除其**首选DNS服务器**的IP地址，或改为输入自己的IP地址（见图2-1-1），无论选择哪一种设置方法，升级时系统都可以自动安装DNS服务器角色。

- 使用现有DNS服务器或另外安装一台DNS服务器，然后在这台DNS服务器内创建用来支持AD DS域的区域。例如AD DS域名为sayms.local，则自行创建一个名称为sayms.local的DNS区域，然后启用动态更新功能。如图2-1-2所示为选择**非安全**动态更新，如果它是**Active Directory集成区域**，则还可以选择**只有安全的**动态更新。别忘了先在即将升级为域控制器的计算机上，将其**首选DNS服务器**的IP地址指定到这台DNS服务器。

图 2-1-1

图 2-1-2

可通过【打开服务器管理器➲单击仪表板处的添加角色和功能➲……➲勾选**DNS服务器**➲……】的方法来安装DNS服务器，然后通过【打开服务器管理器➲单击右上角的**工具菜单**➲**DNS**➲选中**正向查找区域**并右击➲**新建区域**】的方法来创建区域。

2.1.3 选择AD DS数据库的存储位置

域控制器需要利用磁盘空间来存储以下三个与AD DS有关的数据：

- **AD DS数据库**：用来存储AD DS对象。
- **日志文件**：用来存储AD DS数据库的变化信息。
- **SYSVOL文件夹**：用来存储域共享文件（例如与组策略有关的文件）。

它们都必须被存储到本地磁盘内，其中的SYSVOL文件夹需位于NTFS磁盘内。建议将AD DS数据库与日志文件分别存储到不同硬盘内，一方面是因为两块硬盘独立运行，可以提升工作效率；另一方面是因为分开存储，可以避免两份数据同时出问题，以提升AD DS数据库的恢复能力。

应该将AD DS数据库与日志文件都存储到NTFS磁盘分区内，以便通过NTFS权限来增加这些文件的安全性，而系统默认将它们都存储到Windows Server 2022的安装磁盘分区内（它是NTFS磁盘分区）。

如果要将AD DS数据库、日志文件或SYSVOL文件夹存储到另外一个NTFS磁盘，但计算机内目前并没有其他NTFS磁盘，那么可以采用以下方法来创建NTFS磁盘：

- **如果磁盘内还有未划分的可用空间**：此时可以通过【打开服务器管理器➜单击右上角的工具菜单➜计算机管理➜存储➜磁盘管理➜右击未配置的可用空间】的方法来创建一个新的NTFS磁盘。
- **利用CONVERT命令来转换现有磁盘**：例如要将D:磁盘（FAT或FAT32）转换成NTFS磁盘，可执行CONVERT D: /FS:NTFS命令。

2.2 创建AD DS域

下面使用图2-2-1来说明如何创建第1个林中的第1个域（根域）：我们先安装一台Windows Server 2022服务器，然后将它升级为域控制器并创建域。我们也将搭建此域的第2台域控制器（Windows Server 2022）、第3台域控制器（Windows Server 2022）、一台成员服务器（Windows Server 2022）与一台加入域的Windows 11计算机。

图 2-2-1

建议利用Hyper-V、VMware Workstation或VirtualBox等提供虚拟环境的软件来创建图中的网络环境。如果图中的虚拟机是从现有的虚拟机复制来的，那么记得需先执行C:\windows\System32\Sysprep内的Sysprep.exe文件，并勾选**通用**。

> 如果要升级现有域，则林中的域控制器都必须是Windows Server 2008（含）以上的版本，且需先分别执行Adprep /forestprep与Adprep /domainprep命令来为林与域执行准备工作，此脚本文件位于Windows Server 2022光盘或系统镜像文件support\adprep文件夹中。其他升级步骤与操作系统升级的步骤类似。

我们要将图2-2-1左上角的服务器升级为域控制器，因为它是第一台域控制器，因此这个升级动作会同时完成以下工作：

- 创建第一个新林。
- 创建此新林中的第一棵域树。
- 创建此新域树中的第一个域。
- 创建此新域中的第一台域控制器。

换句话说，在创建图2-2-1中第一台域控制器dc1.sayms.local时，它就会同时创建此域控制器所隶属的域sayms.local，创建域sayms.local所隶属的域树，而域sayms.local也是此域树的根域。由于是第一棵域树，因此它同时会创建新林，林名称就是第一棵域树的根域的域名sayms.local。域sayms.local就是整个林的**林根域**。

我们将通过添加服务器角色的方法来将图2-2-1中左上角的服务器dc1.sayms.local升级为网络中的第一台域控制器。

STEP 1 先在图2-2-1中左上角的服务器dc1.sayms.local上安装Windows Server 2022，并将其计算机名称设置为DC1，而IPv4地址等配置信息依照图中所示进行设置（图中采用TCP/IPv4）。注意，将计算机名称设置为DC1即可，等升级为域控制器后，它会自动被改为dc1.sayms.local。

STEP 2 打开**服务器管理器**，单击仪表板处的**添加角色和功能**。

STEP 3 持续单击 下一步 按钮一直到图2-2-2中勾选 **Active Directory域服务**，然后单击 添加功能 按钮。

图 2-2-2

STEP 4 持续单击 下一步 按钮，一直到**确认安装选项**界面，单击 安装 按钮。

STEP 5 图2-2-3为完成安装后的界面，请单击**将此服务器提升为域控制器**。

图 2-2-3

如果已经关闭如图2-2-3所示的界面，则单击**服务器管理器**上方的旗帜符号（见图2-2-4），在弹出的对话框中单击**将此服务器提升为域控制器**。

图2-2-4

STEP **6** 如图2-2-5所示选择**添加新林**，设置**林根域**名称（假设是sayms.local），然后单击下一步按钮（因为篇幅原因未截取整个页面，故图2-2-5中看不到这个按钮，该按钮其实在这个页面的下方，后文采用类似的方式来说明）。

图2-2-5

STEP **7** 完成图2-2-6中的设置后单击下一步按钮：

图2-2-6

- 选择林功能级别、域功能级别。此处我们所选择的林功能级别为默认的Windows Server 2016，此时域功能级别只能选择Windows Server 2016。如果选择其他林功能，就还可以选择其他域功能级别。

- 默认会直接在此服务器上安装DNS服务器。
- 第一台域控制器需扮演**全局编录服务**器角色。
- 第一台域控制器不能是**只读域控制器**（RODC）。
- 设置**目录服务还原模式**的管理员密码：**目录服务还原模式**（目录服务修复模式）是安全模式，进入此模式可以修复AD DS数据库，不过进入目录服务还原模式前需输入此处所设置的密码（详见第11章）。

密码默认需至少7个字符，且不可包含用户账户名称（指用户**SamAccountName**）或全名，还有至少要包含A~Z、a~z、0~9、非字母数字（例如!、$、#、%）等4组字符中的3组，例如123abcABC为有效密码，而1234567为无效密码。

STEP 8 出现如图2-2-7所示的警示界面时，因为目前不会产生影响，故不必理会它，直接单击下一步按钮。

图 2-2-7

STEP 9 在**其他选项**界面中，安装程序会自动为此域设置一个NetBIOS域名。如果此名称已被占用，则会自动指定建议名称。完成后单击下一步按钮。（默认为DNS域名第1个句点左侧的文字，例如DNS名称为sayms.local，则NetBIOS名称为SAYMS，它让不支持DNS名称的旧系统可以通过NetBIOS名称来与此域通信。NetBIOS名称不区分字母大小写）。

STEP 10 在图2-2-8所示的界面中可直接单击下一步按钮。

图 2-2-8

- **数据库文件夹**：用来存储AD DS数据库。
- **日志文件文件夹**：用来存储AD DS数据库的变化记录，此日志文件可用来修复AD DS数据库。

- **SYSVOL文件夹**：用来存储域共享文件（例如组策略相关的文件）。

STEP **11** 在**查看选项**界面中，确认选项无误后单击 下一步 按钮。

STEP **12** 在图2-2-9所示的界面中，如果顺利通过检查，就直接单击 安装 按钮，否则根据界面
提示先排除问题。安装完成后会自动重新启动。

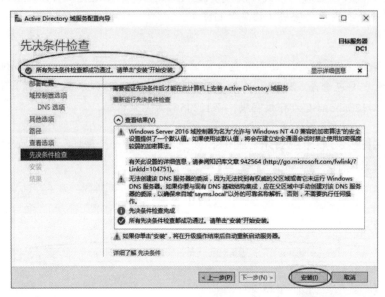

图 2-2-9

完成域控制器的安装后，原本这台计算机的本地用户账户会被转移到AD DS数据库。另
外，由于它本身也是DNS服务器，因此会如图2-2-10所示自动将**首选DNS服务器**的IP地址改
为代表自己的127.0.0.1。

图 2-2-10

> 此计算机升级为域控制器后，它会自动在**Windows Defender防火墙**中开放AD DS相关的
> 端口，以便让其他计算机可以来与此域控制器通信。

2.3 确认AD DS域是否正常

AD DS域创建完成后，我们来检查DNS服务器内的SRV与主机记录、域控制器内的SYSVOL文件夹、AD DS数据库文件等是否都已经正常地创建完成。

2.3.1 检查DNS服务器内的记录是否完整

域控制器会将其主机名、IP地址与所扮演角色等数据注册到DNS服务器，以便让其他计算机通过DNS服务器来找到自己。我们先检查DNS服务器内是否有这些记录。请利用域管理员（sayms\Administrator）登录。

1. 检查主机记录

首先检查域控制器是否已将其主机名与IP地址注册到DNS服务器：【到兼具DNS服务器角色的dc1.sayms.local上打开**服务器管理器**➲单击右上角的**工具菜单**➲DNS】，如图2-3-1所示会有一个sayms.local区域，图中**主机（A）**记录表示域控制器dc1.sayms.local已成功将其主机名与IP地址注册到DNS服务器内。

图2-3-1

2. 利用DNS控制台检查SRV记录

如果域控制器已经成功将其所扮演的角色注册到DNS服务器，则还会有如图2-3-2所示的_tcp、_udp 等文件夹。图中_tcp文件夹中的数据类型为**服务位置（SRV）**的_ldap记录，表示dc1.sayms.local已经成功注册为域控制器。由图中的_gc记录还可以看出**全局编录服务器**的角色也是由dc1.sayms.local扮演的。

LDAP服务器是用来提供AD DS数据库访问的服务器，而域控制器则扮演LDAP服务器的角色。

图 2-3-2

DNS区域内有了这些数据（或信息）后，其他欲加入域的计算机就可以通过此区域来得知域控制器为dc1.sayms.local。域内的其他成员计算机（成员服务器、Windows 11等客户端计算机）默认也会将其主机名称与IP地址数据注册到此区域内。

域控制器不但会将自己所扮演的角色注册到_tcp、_sites等相关的文件夹内，还会另外注册到_msdcs文件夹。如果DNS服务器是在安装AD DS时同时安装的，则还会创建一个名为_msdcs.sayms.local的区域，它是专供Windows Server域控制器来注册的，此时域控制器会将其数据注册到_msdcs.sayms.local内，而不是_msdcs内。如图2-3-3所示为_msdcs.sayms.local区域内的部分记录。

图 2-3-3

在完成第一个域的创建之后，系统就会自动创建一个名为Default-First-Site-Name的站点，而我们所创建的域控制器默认也是位于此站点内，因此在DNS服务器内也会有这些记录。例如图2-3-4中，在此站点内扮演**全局编录服务器**（gc）、**Kerberos服务器**、**LDAP服务器**这三个角色的域控制器都是dc1.sayms.local。

图 2-3-4

3. 利用nslookup命令检查SRV记录

也可以利用**nslookup**命令来检查DNS服务器内的SRV记录。

STEP 1 单击左下角的**开始**图标⊞⇨Windows PowerShell。

STEP 2 执行nslookup命令。

STEP 3 输入**set type=srv**后按 Enter 键（表示要显示SRV记录）。

STEP 4 如图2-3-5所示输入 **_ldap._tcp.dc._msdcs.sayms.local**后按 Enter 键，从图中可以看出域控制器dc1.sayms.local已经成功地将其扮演的LDAP服务器角色的信息注册到DNS服务器内。

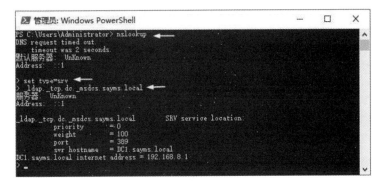

图 2-3-5

> 界面中之所以会出现 "DNS request timed out." 与 "默认服务器：UnKnown" 消息（可以不必理会这些消息），是因为nslookup会根据TCP/IP处的DNS服务器IP地址设置来查询DNS服务器的主机名，但却查询不到。如果不想出现此消息，则可以将网络连接处的TCP/IPv6禁用或修改TCP/IPv6设置为 "自动取得DNS服务器地址"，或在DNS服务器创建适当的IPv4/IPv6反向对应区域与PTR记录。

STEP 5 还可以利用更多类似的命令来查看其他SRV记录，例如利用**_gc._tcp.sayms.local**命令来查看扮演**全局编录服务器**的域控制器。还可以利用**ls -t SRV sayms.local**命令来查看所有的SRV记录，不过需先在DNS服务器上将sayms.local区域的**允许区域转送**权限开放给查询计算机，否则在此计算机上查询会失败，且会显示**Query refused**的警告消息。执行**exit**命令可以结束**nslookup**。

> DNS服务器的区域转送设置方法：【选中sayms.local区域并右击⇨属性⇨区域转送】。

2.3.2　排除注册失败的问题

如果因为域成员本身的设置有误或网络问题造成它们无法将数据注册到DNS服务器，则可在解决问题后重新启动这些计算机或利用以下方法来手动注册：

- 如果是某域成员计算机的主机名与IP地址没有正确注册到DNS服务器，那么此时可到此计算机上执行**ipconfig　/registerdns**来手动注册。完成后，到DNS服务器检查是否已有正确记录，例如域成员主机名为dc1.sayms.local，IP地址为192.168.8.1，则检查区域sayms.local内是否有DC1的主机（A）记录，其IP地址是否为192.168.8.1。

- 如果发现域控制器并没有将其所扮演的角色注册到DNS服务器内，也就是并没有类似前面图2-3-2中的_tcp等文件夹与相关记录，那么到此域控制器上通过【打开**服务器管理器**➲单击右上角的**工具**菜单➲**服务**➲如图2-3-6所示选中**Netlogon**服务并右击➲**重新启动**】的方法来注册。

图 2-3-6

域控制器默认会自动每隔24小时向DNS服务器注册1次。

2.3.3　检查AD DS数据库文件与SYSVOL文件夹

AD DS数据库文件与日志文件默认是在**%systemroot%\ntds**文件夹内，因此可以通过【按⊞+R组合键➲输入**%systemroot%\ntds**➲单击确定按钮】来检查文件夹与文件是否已经被正确地创建完成，如图2-3-7中的ntds.dit就是AD DS数据库文件，而edb、edb00001等文件是日志文件（其扩展名为.log，默认会被隐藏）。

图 2-3-7

另外SYSVOL默认被创建在%*systemroot*%\SYSVOL文件夹内，因此可以通过【按⊞+R组合键⊃输入%*systemroot*%\SYSVOL⊃单击确定按钮】的方法来检查，如图2-3-8所示。

图2-3-8

图中SYSVOL文件夹之下会有4个子文件夹，其中的sysvol与其内的scripts都应该被设为共享文件夹。可以通过【打开**服务器管理器**⊃单击右上角的**工具**菜单⊃**计算机管理**⊃**系统工具**⊃**共享文件夹**⊃**共享**（见图2-3-9）】的方法或如图2-3-10所示利用**net share**命令，来检查它们是否已被设置为共享文件夹。

图2-3-9

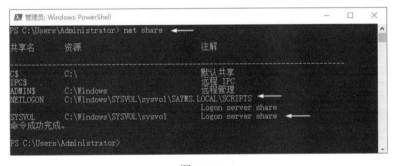

图2-3-10

2.3.4 新增加的管理工具

AD DS安装完成后，通过【打开**服务器管理器**⊃单击右上角的**工具**菜单】就可以看到增加的一些AD DS的管理工具，例如**Active Directory用户和计算机**、**Active Directory管理中心**、**Active Directory站点和服务**等；或是通过【单击左下角的**开始**图标⊞⊃**Windows管理工具**】来查看，如图2-3-11所示。

图 2-3-11

2.3.5 查看事件日志文件

可以通过【打开**服务器管理器** ➲ 单击右上角的**工具菜单** ➲ **事件查看器**】来查看事件日志文件，以便检查任何与AD DS有关的问题，例如在图2-3-12中可以利用**系统**、**Directory Service**、**DNS Server**等日志文件来检查。

图 2-3-12

2.4 提升域与林功能级别

我们在1.2节已经讲解过域与林功能级别，此处将介绍如何提升现有的级别：【打开**服务器管理器** ➲ 单击右上角的**工具菜单**】，然后【执行**Active Directory管理中心** ➲ 单击域名**sayms（本地）** ➲ 单击图2-4-1右侧的**提升林功能级别...**或**提升域功能级别...**】。Windows Server 2022并未增加新的域功能级别与林功能级别，最高级别仍然是Windows Server 2016。

图2-4-1

也可以通过【单击左下角的**开始**图标⊞⊃**Windows管理工具**⊃**Active Directory域和信任关系**⊃选中**Active Directory域和信任关系**并右击⊃**提升林功能级别**】或【单击左下角的**开始**图标⊞⊃**Windows管理工具**⊃**Active Directory用户和计算机**⊃选中域名**sayms.local**并右击⊃**提升域功能级别**】的方法来提升现有的级别。

提升域功能级别可参考表2-4-1。提升林功能级别可参考表2-4-2。升级后，这些升级信息会被自动复制到所有的域控制器，不过可能需要花费15秒或更久的时间。

表2-4-1　提升域功能级别

目前的域功能级别	可提升的级别
Windows Server 2008	Windows Server 2008 R2、Windows Server 2012、Windows Server 2012 R2、Windows Server 2016
Windows Server 2008 R2	Windows Server 2012、Windows Server 2012 R2、Windows Server 2016
Windows Server 2012	Windows Server 2012 R2、Windows Server 2016
Windows Server 2012 R2	Windows Server 2016

表2-4-2　提升林功能级别

目前的林功能级别	可提升的级别
Windows Server 2008	Windows Server 2008 R2、Windows Server 2012、Windows Server 2012 R2、Windows Server 2016
Windows Server 2008 R2	Windows Server 2012、Windows Server 2012 R2、Windows Server 2016
Windows Server 2012	Windows Server 2012 R2、Windows Server 2016
Windows Server 2012 R2	Windows Server 2016

2.5　新建额外域控制器与RODC

一个域内如果有多台域控制器，便可以拥有以下优势：

- **改善用户登录的效率**：多台域控制器来同时对客户端提供服务，可以分担审核用户登录身份（账户与密码）的负担，让用户登录的效率更高。
- **容错功能**：当域控制器发生故障时，仍然可以由其他正常的域控制器来继续提供服务，因此对用户的服务并不会停止。

在安装额外域控制器（additional domain controller）时，需要将AD DS数据库由现有的域控制器复制到这台新的域控制器。系统提供了两种复制方法：

- **通过网络直接复制**：如果AD DS数据库十分庞大，那么此方法会增加网络负担，影响网络效率，尤其是当这台新域控制器位于远程网络时。
- **通过安装媒体**：需要事先到一台域控制器内制作**安装媒体**（installation media），其内包含着AD DS数据库，接着将**安装媒体**复制到U盘、DVD等介质或共享文件夹内。然后在安装额外域控制器时，要求安装向导到这个介质内读取**安装媒体**内的AD DS数据库，这种方法可降低对网络所造成的影响。

如果在**安装媒体**制作完成之后，现有域控制器的AD DS数据库内有最新的变化数据，那么这些少量数据会在完成额外域控制器的安装后再通过网络自动复制过来。

2.5.1 安装额外域控制器

以下同时说明如何将图2-5-1中右上角的dc2.sayms.local升级为一般的（可读写域控制器）**额外域控制器**，将右下角的dc3.sayms.local升级为**只读域控制器**（RODC）。

图 2-5-1

STEP **1**　先在图2-5-1中的服务器dc2.sayms.local与dc3.sayms.local上安装Windows Server 2022，将计算机名称分别设置为DC2与DC3，IPv4地址等配置信息依照图中所示进行设置（图中采用TCP/IPv4）。注意，将计算机名称分别设置为DC2与DC3即可，等升级为域控制器后，它们会分别被自动改为dc2.sayms.local与dc3.sayms.local。

STEP **2**　打开服务器管理器、单击仪表板处的**添加角色和功能**。

STEP **3** 持续单击 下一步 按钮一直到**选择服务器角色**界面，勾选**Active Directory域服务**，然后单击 添加功能 按钮。

STEP **4** 持续单击 下一步 按钮一直到**确认安装所选择内容**界面，单击 安装 按钮。

STEP **5** 图2-5-2为完成安装后的界面，请单击**将此服务器提升为域控制器**。

图2-5-2

STEP **6** 在图2-5-3所示的界面中选择**将域控制器添加到现有域**，输入域名sayms.local，单击 更改 按钮后输入有权限添加域控制器的账户（sayms\ Administrator）与密码。完成后单击 下一步 按钮。

图2-5-3

只有Enterprise Admins或Domain Admins内的用户有权限创建其他域控制器。如果现在所登录的账户不是隶属于这两个群组（例如我们现在所登录的账户为本地Administrator），则需如图2-5-3所示指定有权限的用户账户。

STEP **7** 完成图2-5-4中的设置后单击 下一步 按钮：

- 选择是否在此服务器上安装**DNS服务器**（默认会）。
- 选择是否将其设置为**全局编录服务器**（默认会）。
- 选择是否将其设置为**只读域控制器**（默认不会），如果是安装dc3.sayms.local，则勾选此选项。
- 设置**目录服务还原模式**的管理员密码（需符合复杂性需求）。

图 2-5-4

STEP **8** 如果在图2-5-4所示的界面中未勾选**只读域控制器（RODC）**，则直接跳到STEP **9**。如果是安装**RODC**，则会出现如图2-5-5所示的界面，在完成图中的设置后单击 下一步 按钮，然后跳到STEP **10**：

图 2-5-5

- **委派的管理员账户**：可通过 选择 按钮来选择被委派的用户或群组，他们在这台RODC上将拥有本地管理员权限，且如果采用阶段式安装RODC（后述），则他们也有权限将此RODC服务器附加到（attach to）AD DS数据库内的计算机账户。默认仅Domain Admins或Enterprise Admins群组内的用户有权限管理此RODC与执行附加工作。
- **允许将密码复制到RODC的账户**：默认仅允许群组Allowed RODC Password Replication Group内的用户的密码可被复制到RODC（此群组默认并无任何成员）。可通过单击 添加 按钮来添加用户或群组。

- **拒绝将密码复制到RODC的账户**：此处的用户账户，其密码会被拒绝复制到RODC。此处的设置优先于**允许将密码复制到RODC的账户**的设置。部分内建的组账户（例如Administrators、Server Operators等）默认已被列于此清单内。可通过单击 添加 按钮来添加用户或群组。

在安装域中的第1台RODC时，系统会自动创建与RODC有关的组账户，这些账户会被自动复制给其他域控制器，不过可能需要花费一点时间，尤其是复制给位于不同站点的域控制器。之后在其他站点安装RODC时，如果安装向导无法从这些域控制器得到这些群组信息，则会显示警告消息，此时应等这些群组信息完成复制后，再继续安装这台RODC。

STEP **9** 如果不是安装RODC，会出现如图2-5-6所示的界面，直接单击 下一步 按钮。

图2-5-6

STEP **10** 在图2-5-7所示的界面中单击 下一步 按钮，它会直接从其他任何一台域控制器复制AD DS数据库。

图2-5-7

STEP **11** 出现**路径**界面时直接单击 下一步 按钮（此界面的说明可参考图2-2-8）。

STEP **12** 在**查看选项**界面中，确认选项无误后单击 下一步 按钮。

STEP **13** 出现**先决条件检查**界面时，如果顺利通过检查，就直接单击 安装 按钮，否则根据界面提示先排除问题。

STEP **14** 安装完成后会自动重新启动。请重新登录。

STEP **15** 检查DNS服务器内是否有域控制器dc2.sayms.local与dc3.sayms.local的相关记录（参考前面第2.3.1节**检查DNS服务器内的记录是否完整**）。

这两台域控制器的AD DS数据库属性是从其他域控制器复制过来的，而原本这两台计算机内的本地用户账户会被删除。

2.5.2 利用"安装媒体"来安装额外域控制器

我们将先到一台域控制器上制作**安装媒体**，也就是将AD DS数据库存储到**安装媒体**内，并将**安装媒体**复制到U盘、CD、DVD等介质或共享文件夹内。然后在安装额外域控制器时，要求安装向导从**安装媒体**来读取AD DS数据库，这种方法可以降低对网络所造成的影响。

1. 制作"安装媒体"

到现有的一台域控制器上执行**ntdsutil**命令来制作**安装媒体**：

- 如果此安装媒体是要给**可读写域控制器**使用，则需到现有的一台**可读写域控制器**上执行**ntdsutil**命令。
- 如果此安装媒体是要给**RODC**（只读域控制器）使用，则可以到现有的一台**可读写域控制器**或**RODC**上执行**ntdsutil**命令。

STEP 1 到域控制器上利用域管理员的身份进行登录。

STEP 2 单击左下角的**开始**图标⊞⇨Windows PowerShell。

STEP 3 输入以下命令后按 Enter 键（操作界面可参考图2-5-8）：

```
ntdsutil
```

```
PS C:\Users\Administrator> ntdsutil
C:\Windows\system32\ntdsutil.exe: activate instance ntds
活动实例设置为 "ntds"。
C:\Windows\system32\ntdsutil.exe: ifm
ifm: create sysvol full c:\InstallationMedia
正在创建快照...
成功生成快照集 {2c8c4e38-c630-42ab-b478-7a6dc8c89407}。
快照 {1eca1189-5462-413a-a055-5949cdca129a} 已作为 C:\$SNAP_202302011040_VOLUMEC$\ 装载
已装载快照 {1eca1189-5462-413a-a055-5949cdca129a}。
已装载快照 {1eca1189-5462-413a-a055-5949cdca129a}。
正在启动碎片整理模式...
    源数据库: C:\$SNAP_202302011040_VOLUMEC$\Windows\NTDS\ntds.dit
    目标数据库: c:\InstallationMedia\Active Directory\ntds.dit

          Defragmentation  Status ( omplete)

      0   10   20   30   40   50   60   70   80   90  100
      |----|----|----|----|----|----|----|----|----|----|

正在复制注册表文件...
正在复制 c:\InstallationMedia\registry\SYSTEM
正在复制 c:\InstallationMedia\registry\SECURITY
正在复制 SYSVOL...
正在复制 c:\InstallationMedia\SYSVOL
```

图 2-5-8

STEP 4 在**ntdsutil**：提示字符下，执行以下命令：

```
activate  instance  ntds
```

它会将此域控制器的AD DS数据库设置为使用中。

STEP 5 在**ntdsutil**：提示字符下，执行以下命令：

```
ifm
```

STEP **6**　在**ifm：**提示字符下，执行以下命令：

```
create  sysvol  full  c:\InstallationMedia
```

此命令假设是将**安装媒体**的内容存储到C:\InstallationMedia文件夹内。

其中的**sysvol**表示要制作包含ntds.dit与SYSVOL的**安装媒体**；**full**表示要制作供可读写域控制器使用的**安装媒体**，如果是要制作供RODC使用的安装媒体，则将**full**改为**rodc**。

STEP **7**　连续执行两次**quit**命令来结束**ntdsutil**。图2-5-8为部分操作界面。

STEP **8**　将整个C:\InstallationMedia文件夹内的所有数据复制到U盘、CD、DVD等介质或共享文件夹内。

2. 安装额外域控制器

将包含**安装媒体**的U盘、CD或DVD拿到即将扮演额外域控制器角色的计算机上，或是将它们放到可以访问的共享文件夹内。

由于利用**安装媒体**来安装额外域控制器的方法与上一节大致上相同，因此以下仅列出不同之处。以下假设**安装媒体**是被复制到即将升级为额外域控制器的服务器的C:\InstallationMedia文件夹内：在图2-5-9中选择**指定从介质安装（IFM）选项**，并在**路径**处指定存储**安装媒体**的文件夹C:\InstallationMedia。

图 2-5-9

安装过程中会从**安装媒体**所在的文件夹C:\InstallationMedia来读取、复制AD DS数据库。如果在**安装媒体**制作完成之后，现有域控制器的AD DS数据库内有新的变化数据，那么这些少量数据会在完成额外域控制器安装后，再通过网络自动复制过来。

2.5.3 更改RODC的委派与密码复制策略设置

如果要更改RODC系统管理工作的委派设置或密码复制策略，那么打开**Active Directory 管理中心**后，如图2-5-10所示【选择组织单位**Domain Controllers**界面中间扮演RODC角色的域控制器➲单击右侧的**属性**➲通过选择图2-5-11中的**管理者**小节与**扩展**小节中的**密码复制策略**选项卡来设置】。

图 2-5-10

图 2-5-11

也可以执行**Active Directory用户和计算机**，然后【单击组织单位**Domain Controllers**⮞选中右侧扮演RODC角色的域控制器并右击⮞**属性**⮞通过**密码复制策略**与**管理者**选项卡来设置】。

2.6 RODC阶段式安装

可以采用两阶段式来安装RODC（只读域控制器），这两个阶段分别由不同的用户来完成，这种安装方法通常用来安装远程分公司所需的RODC。

- 第1阶段：创建RODC账户。
  此阶段通常是在总公司内执行，且只有域管理员（Domain Admins群组的成员）才有权限来执行这一阶段的工作。在此阶段内，管理员需在AD DS数据库内替RODC创建计算机账户、设置选项，并将第2阶段的安装工作委派给指定的用户或群组。

- 第2阶段：将服务器附加到RODC账户。

  此阶段通常是在远程分公司内执行，被委派者有权限在此阶段来完成安装RODC的工作。被委派者并不需要具备域管理员权限。默认只有Domain Admins或Enterprise Admins群组内的用户有权限执行这个阶段的安装工作。在此阶段内，被委派者需要在远程分公司内，将即将成为RODC的服务器**附加**（attach）到第1个阶段中所创建的计算机账户，如此便可完成RODC的安装工作。

2.6.1 创建RODC账户

一般来说，阶段式安装主要是用来在远程分公司（另外一个AD DS站点内）安装RODC，不过为了方便起见，本节以它被安装到同一个站点内为例来进行说明，也就是默认的站点Default-First-Site-Name。以下步骤说明如何采用阶段式安装方法将图2-6-1中右下角的dc4.sayms.local升级为**只读域控制器**（RODC）。

图2-6-1

STEP 1 到现有的一台域控制器上利用域管理员身份登录。

STEP 2 打开**服务器管理器**➲单击右上角的**工具**菜单➲**Active Directory管理中心**➲如图2-6-2所示单击组织单位Domain Controllers右侧的**预创建只读域控制器账户**（也可以使用**Active Directory**用户和计算机）。

图2-6-2

STEP 3 如图2-6-3所示勾选**使用高级模式安装**后单击下一步按钮。

STEP 4 当前登录的用户为域Administrator，他有权限安装域控制器，因此在图2-6-4中选择默认的**我的当前登录凭证**后单击下一步按钮。

图2-6-3   图2-6-4

> 如果当前登录的用户没有权限安装域控制器，则选择图中的**备用凭证**，然后通过单击设置按钮来输入有权限的用户名称与密码。

STEP 5 在图2-6-5中输入即将扮演RODC角色的服务器的计算机名称，例如DC4，完成后单击下一步按钮。

STEP 6 出现**选择一个站点**界面时，选择新域控制器所在的AD DS站点，默认是当前仅有的站点Default-First-Site-Name。直接单击下一步按钮。

STEP 7 在图2-6-6所示的界面中直接单击下一步按钮。由图可知它会在此服务器上安装DNS服务器，同时会将此服务器设置为**全局编录**，并自动勾选**只读域控制器（RODC）**。

图2-6-5   图2-6-6

STEP 8 通过图2-6-7所示的界面来设置**密码复制策略**：图中默认仅允许群组Allowed RODC Password Replication Group内的用户的密码可以被复制到RODC（此群组内默认并无任何成员），且一些重要账户（例如Administrators、Server Operators等群组内的用

户）的密码已明确地被拒绝复制到RODC。可以通过单击添加按钮来添加用户或组
账户。完成后单击下一步按钮。

图 2-6-7

STEP 9 在图2-6-8所示的界面中将安装RODC的工作委派给指定的用户或群组，图中将它委
派给域（SAYMS）用户george。RODC安装完成后，该用户在此台RODC内会自动
被赋予本地管理员的权限。单击下一步按钮。

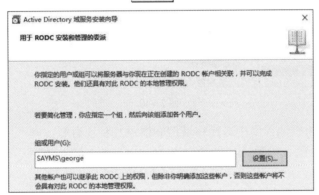

图 2-6-8

STEP 10 接下来依次单击下一步按钮，直到单击完成按钮，图2-6-9为完成后的界面。

图 2-6-9

2.6.2 将服务器附加到RODC账户

STEP 1 在图2-6-1右侧的服务器dc4.sayms.local上安装Windows Server 2022，并将其计算机名称设置为DC4，IPv4地址等配置信息依照图中所示进行设置（此处采用TCP/IPv4）。注意，将其计算机名称设置为DC4即可，等升级为域控制器后，它会自动被改为dc4.sayms.local。

STEP 2 打开**服务器管理器**，单击仪表板处的添加角色和功能。

STEP 3 持续单击下一步按钮一直到**选择服务器角色**界面，勾选**Active Directory域服务**，然后单击添加功能按钮。

STEP 4 持续单击下一步按钮一直到**确认安装选项**界面，单击安装按钮。

STEP 5 图2-6-10为完成安装后的界面，单击**将此服务器提升为域控制器**。

图 2-6-10

STEP 6 在图2-6-11所示的界面中选择**将域控制器添加到现有域**，输入域名sayms.local，单击更改按钮后输入被委派的用户名称（sayms\george）与密码，然后单击确定按钮、下一步按钮。

图 2-6-11

可输入被委派的用户账户、Enterprise Admins或Domain Admins群组内的用户账户。

STEP **7** 接下来会出现如图2-6-12所示的界面，由于其计算机账户已经事先在AD DS内创建完成，因此会多显示图上方的两个选项。在选择默认的选项与设置**目录服务还原模式**的管理员密码后（需符合复杂性需求）单击下一步按钮。

图 2-6-12

STEP **8** 在接下来的**其他选项**、**路径**与**查看选项**界面中都可直接单击下一步按钮。

STEP **9** 出现**先决条件检查**界面时，如果顺利通过检查，就直接单击安装按钮，否则根据界面提示先排除问题。

STEP **10** 安装完成后会自动重新启动。请重新登录。

STEP **11** 图2-6-13为完成后的界面。

图 2-6-13

2.7 将Windows计算机加入或脱离域

Windows计算机加入域后，便可以访问AD DS数据库与其他的域资源，例如用户可以在这些计算机上利用域用户账户来登录域、访问域中其他计算机内的资源。下面列出部分可以被加入域的计算机（以安装的操作系统为准入标准）：

- Windows Server 2022 Datacenter/Standard
- Windows Server 2019 Datacenter/Standard
- Windows Server 2016 Datacenter/Standard
- Windows 11 Enterprise/Pro/Education
- Windows 10 Enterprise/Pro/Education
- Windows 8.1 Enterprise/Pro
- Windows 8 Enterprise/Pro
- ……

2.7.1 将Windows计算机加入域

我们要将图2-7-1左下角的服务器ms1加入域，假设它是Windows Server 2022 Datacenter；同时也要将下方的Windows 11计算机加入域，假设它是Windows 11 Professional。下面利用服务器ms1（Windows Server 2022）来说明。

图2-7-1

加入域后的计算机（非域控制器），其计算机账户默认会自动被创建在Computers容器内，如果想将此计算机账户放置到其他容器或组织单位，则可以事先在该容器或组织单位内创建此计算机账户：如果是使用**Active Directory管理中心**，【**单击该容器或组织单位➲单击右侧任务窗格的新建➲计算机**】；如果是使用**Active Directory用户和计算机**，【**选中该容器或组织单位并右击➲新建➲计算机**】。完成后，再将计算机加入域。也可以事后将计算机账户搬移到其他容器或组织单位。

STEP **1** 先将该台计算机的计算机名称设置为ms1，IPv4地址等配置信息依照图2-7-1中所示进行设置。注意计算机名称设置为ms1即可，等加入域后，其计算机名称会自动被改为ms1.sayms.local。

STEP **2**　打开**服务器管理器** ➲ 单击左侧**本地服务器** ➲ 如图2-7-2所示单击**工作组**处的
WORKGROUP。

图 2-7-2

如果是Windows 11计算机：【右击左下角的**开始**图标■ ➲ **系统** ➲ 单击**域或工作组** ➲
单击 更改 按钮】。

如果是Windows 10计算机：【右击左下角的**开始**图标⊞ ➲ **系统** ➲ 单击**重新命名此计
算机（高级）** ➲ 单击 更改 按钮】。

如果是Windows 8.1计算机：【按Windows键▦切换到**开始**菜单 ➲ 单击菜单左下方◉
图标 ➲ 右击**这台电脑** ➲ 单击**属性** ➲ 单击右侧的**更改设置**】。

如果是Windows 8计算机：【按Windows键▦切换到**开始**菜单 ➲ 在空白处右击 ➲ 单击
所有应用程序 ➲ 选中**计算机**并右击 ➲ 单击下方的**属性** ➲……】。

STEP **3**　在图2-7-3所示的界面中单击 更改 按钮。

STEP **4**　在图2-7-4所示的界面中选择**域** ➲ 输入域名sayms.local ➲ 单击 确定 按钮 ➲ 输入域内任何
一位用户账户（隶属于Domain Users群组）与密码，图中是administrator ➲ 单击 确定
按钮。

图 2-7-3

图 2-7-4

如果出现错误警告，则检查TCP/IPv4的设置是否有误，尤其是**首选DNS服务器**的IPv4地址是否正确，以本范例来说应该是192.168.8.1。

STEP 5 出现**欢迎加入sayms.local域**界面表示已经成功加入域，也就是此计算机的计算机账户已经被创建在AD DS数据库内（默认会被创建在Computers容器内）。单击 确定 按钮。

如果出现错误警告，则检查所输入的账户与密码是否正确。不需要域管理员账户也可以，不过如果是非域管理员，则只可以在AD DS数据库内最多加入10台计算机（创建最多10个计算机账户）。

STEP 6 出现提醒需要重新启动计算机的界面时单击 确定 按钮。

STEP 7 从图2-7-5中可以看出，加入域后，其完整计算机名称的后缀就会附上域名，如图中的ms1.sayms.local。单击 关闭 按钮。

图 2-7-5

STEP 8 依照界面指示重新启动计算机。

STEP 9 请自行将图2-7-1中的Windows 11计算机加入域。

2.7.2 利用已加入域的计算机登录

可以在已经加入域的计算机上，利用本地或域用户账户来登录。

1. 利用本地用户账户登录

出现登录界面时，如果要利用本地用户账户登录，请先在账户前输入计算机名称，如图2-7-6所示的ms1\administrator，其中ms1为计算机名称，administrator为用户账户名称；接着输入其密码就可以登录。

图 2-7-6

此时系统会利用本地安全性数据库来检查用户账户与密码是否正确,如果正确,就可以成功登录,也可访问此计算机内的资源(如果有权限),不过无法访问域内其他计算机的资源,除非在连接其他计算机时另外输入有权限的用户名称与密码。

2. 利用域用户账户登录

如果要改用域用户账户来登录,请先在账户前输入域名,如图2-7-7所示的sayms\administrator,表示要利用域sayms内的账户administrator来登录;接着输入其密码就可以登录(域名也可以是DNS域名,例如sayms.local\Administrator)。

图 2-7-7

用户账户名称与密码会发送给域控制器,并利用AD DS数据库来检查是否正确,如果正确,就可以登录成功,且可以直接连接域内任何一台计算机与访问其内的资源(如果有被赋予权限),不需要再另外手动输入用户名称与密码。

2.7.3 脱机加入域

客户端计算机具备脱机加入域的功能(offline domain join),也就是它们在未与域控制器连接的情况下,仍然可以加入。我们需要通过**djoin.exe**程序来执行脱机加入域的程序。

先到一台已经加入域的计算机上，利用djoin.exe来创建一个文本文件，此文件内包含即将加入域的计算机的必要信息。接着到即将加入域的脱机计算机上，利用djoin.exe来将上述文件内的信息导入此计算机内。

以下假设域名为sayms.local，一台已经加入域的成员服务器为ms1，即将脱机加入域的计算机为win11pc2。为了实际演练脱机加入域功能，先确认win11pc2处于脱机状态。脱机将win11pc2加入域的步骤如下：

STEP **1** 到成员服务器ms1上利用域管理员身份登录，然后执行以下djoin.exe程序（见图2-7-8），它会创建一个文本文件，此文件内包含脱机计算机win11pc2所需的所有信息：

Djoin /provision /domain sayms.local /machine win11pc2 /savefile
c:\win11pc2.txt

图2-7-8

其中sayms.local为域名，win11pc2为脱机计算机的计算机名称，win11pc2.txt为所创建的文本文件（图中的文件win11pc2.txt会被创建在C:\）。此命令默认会将计算机账户win11pc2创建到**Computers**容器内（见图2-7-9）。

图2-7-9

STEP **2** 到即将加入域的脱机计算机win11pc2上利用djoin.exe来导入上述文件内的信息。在Windows 11计算机上需以管理员身份来执行此程序，因此【选中桌面下方的**开始**图标■并右击➲Windows 终端（管理员）】，然后执行以下命令（参见图2-7-10，图中假设我们已经将文件win11pc2.txt复制到计算机win11pc2的C:\）：

Djoin --% /requestODJ /loadfile C:\win11pc2.txt /windowspath %SystemRoot%
/localos

STEP **3** 当win11pc2连上网络且可以与域控制器通信时，重新启动win11pc2，它便完成了加入域的操作。

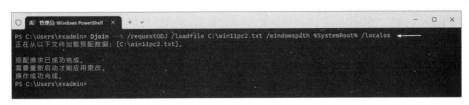

图 2-7-10

2.7.4 脱离域

脱离域的方法与加入域的方法大同小异，不过必须是Enterprise Admins、Domain Admins的成员或本地管理员才有权限将此计算机脱离域。

脱离域的方法为（以Windows Server 2022为例）：【打开**服务器管理器**➲单击左侧**本地服务器**➲单击右侧**域**处的sayms.local➲单击 更改 按钮➲选中图2-7-11中的**工作组**➲输入适当的工作组名称（例如WORKGROUP）➲出现**欢迎加入工作组**界面时单击 确定 按钮➲重新启动计算机】。

接下来会出现如图2-7-12所示的提示界面，一旦脱离域后，在这台计算机上只能够利用本地用户账户来登录，无法再使用域用户账户，因此在确认记得本地管理员的密码后再单击 确定 按钮，否则单击 取消 按钮。

图 2-7-11

图 2-7-12

这些计算机脱离域后，其原本在AD DS的Computers容器内的计算机账户会被禁用（计算机账户图标上会多一个向下的箭头）。

2.8 在域成员计算机内安装AD DS管理工具

非域控制器的Windows Server 2022、Windows Server 2019、Windows Server 2016等成员

服务器与Windows 11、Windows 10、Windows 8.1等客户端计算机内默认没有管理AD DS的工具，例如**Active Directory用户和计算机**、**Active Directory管理中心**等，但可以另外安装。

1. Windows Server 2022、Windows Server 2019等成员服务器

Windows Server 2022、Windows Server 2019、Windows Server 2016成员服务器可以通过**添加角色和功能**的方法来拥有AD DS管理工具：【打开**服务器管理器**⮞单击**仪表板**处的**添加角色和功能**⮞持续单击下一步按钮一直到出现如图2-8-1所示的**选择功能**界面时，勾选**远程服务器管理工具**之下的**AD DS及AD LDS工具**】，安装完成后可以通过【单击左下角的**开始图标**⮞Windows 管理工具】来使用这些工具。

图 2-8-1

2. Windows 11

通过【单击左下角的**开始图标**⮞单击**设置**⮞单击**应用**处的**可选功能**⮞单击**添加选用功能**处的**查看功能**⮞如图2-8-2所示勾选所需的工具】（这台计算机需要连网），完成安装后，可以通过【单击下方的**开始**图标⮞单击右上方的**所有应用程序**⮞Windows工具】来使用这些工具。

图 2-8-2

3. Windows 10、Windows 8.1、Windows 8

Windows 10计算机需要到微软网站下载与安装**Windows 10的远程服务器管理工具**，安装完成后可通过【单击左下角的**开始**图标▦➲Windows**管理工具**】来选用**Active Directory管理中心**与**Active Directory用户和计算机**等工具。

Windows 8.1（Windows 8）计算机需要到微软网站下载与安装**Windows 8.1 的远程服务器管理工具**（**Windows 8的远程服务器管理工具**），安装完成后可通过【按Windows键▦切换到**开始菜单**➲单击菜单左下方⬇图标➲**管理工具**】来选用**Active Directory管理中心**与**Active Directory用户和计算机**等工具。

2.9 删除域控制器与域

可以通过降级的方法来删除域控制器，也就是将AD DS从域控制器中删除。在降级前要注意以下事项：

- 如果域内还存在其他域控制器，则它会被降级为该域的成员服务器，例如将图2-9-1中的dc2.sayms.local降级时，由于还有另外一台域控制器dc1.sayms.local存在，故dc2.sayms.local会被降级为域sayms.local的成员服务器。必须是Domain Admins或Enterprise Admins群组的成员才有权限删除域控制器。

图 2-9-1

- 如果这台域控制器是此域内的最后一台域控制器，则它会被降级为独立服务器，且域也会被删除。例如假设图2-9-1中已被dc2.sayms.local降级，此时如果再降级dc1.sayms.local，则域内将不会再有其他域控制器存在，因此域会被删除，而dc1.sayms.local也会被降级为独立服务器。

> 建议先将此域的其他成员计算机（例如win11pc1.sayms.local、ms1.sayms.local等）脱离域后，再删除域。

Enterprise Admins群组的成员才有权限删除域内的最后一台域控制器（也就是删除域）。如果此域之下还有子域，请先删除子域。

- 如果此域控制器是**全局编录服务器**，则检查其所属站点内是否还有其他**全局编录服务器**，如果没有，就先分配另外一台域控制器来扮演**全局编录服务器**，否则将影响用户登录。分配的方法为【打开**服务器管理器**➲单击**工具菜单**➲**Active Directory站点和服务**➲**Sites**➲**Default-First-Site-Name**➲**Servers**➲选择服务器➲右击**NTDS Settings**➲属性➲勾选**全局编录**】。
- 如果所删除的域控制器是林内最后一台域控制器，则林会一并被删除。Enterprise Admins群组的成员才有权限删除这台域控制器与林。

删除域控制器的步骤如下：

STEP 1　打开服务器管理器➲选择图2-9-2中**管理**菜单下的**删除角色和功能**。

图2-9-2

STEP 2　持续单击下一步按钮一直到出现如图2-9-3所示的界面时，取消勾选**Active Directory域服务**，然后单击删除功能按钮。

图2-9-3

STEP 3　出现如图2-9-4所示的界面时，单击**将此域控制器降级**。

图2-9-4

STEP **4** 如果当前的用户有权限删除此域控制器，则在图2-9-5所示的界面中单击 下一步 按钮，否则单击 更改 按钮来输入有权限的账户与密码。

图 2-9-5

> 如果因故无法删除此域控制器（例如在删除域控制器时，需能够连接到其他域控制器，但却无法连接），此时可勾选图中**强制删除此域控制器**。

如果是最后一台域控制器，则勾选图2-9-6中**域中的最后一个域控制器**。

图 2-9-6

STEP **5** 在图2-9-7所示的界面中勾选**继续删除**后单击 下一步 按钮。

图 2-9-7

STEP **6** 如果出现类似图2-9-8所示的界面，则可以选择是否要删除DNS区域与删除应用程序分区，然后单击 下一步 按钮。

STEP **7** 在图2-9-9所示的界面中为这台即将被降级为独立或成员服务器的计算机，设置其本地Administrator的新密码，然后单击 下一步 按钮。

图 2-9-8

图 2-9-9

STEP 8 在**查看选项**界面中单击 降级 按钮。

STEP 9 完成后会自动重新启动计算机,请重新登录。

> 虽然这台服务器已经不再是域控制器了,但其**Active Directory域服务**组件仍然存在,并没有被删除,因此如果现在要再将它升级为域控制器,可以参考前面的说明。

STEP 10 继续在**服务器管理器**中选择**管理**菜单下的**删除角色和功能**。

STEP 11 出现**开始之前**界面时单击 下一步 按钮。

STEP 12 确认在**服务器选择**界面中的服务器无误后,单击 下一步 按钮。

STEP 13 在图2-9-10所示的界面中取消勾选**Active Directory域服务**,单击 删除功能 按钮。

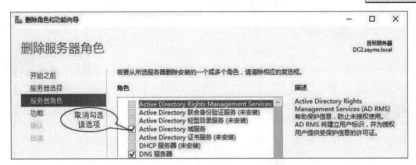

图 2-9-10

STEP 14 回到**删除服务器角色**界面时,确认**Active Directory域服务**已经被取消勾选(也可以一并取消勾选DNS服务器),然后单击 下一步 按钮。

STEP 15 出现**删除功能**界面时,单击 下一步 按钮。

STEP 16 在**确认删除选项**界面中单击 删除 按钮。

STEP 17 完成后,重新启动计算机。

第3章　域用户与组账户的管理

域管理员需要为每一个域用户分别创建一个用户账户，让他们可以利用这个账户来登录域、访问网络上的资源。域管理员同时也需要了解如何有效利用组，以便高效地管理用户对资源的访问。

- ⊃　3.1 管理域用户账户
- ⊃　3.2 一次同时添加多个用户账户
- ⊃　3.3 域组账户
- ⊃　3.4 组的使用原则

3.1 管理域用户账户

域管理员可以利用**Active Directory管理中心**或**Active Directory用户和计算机**控制台来新建与管理域用户账户。当用户利用域用户账户登录域后，便可以直接连接域内的所有成员计算机，访问有权限访问的资源。换句话说，域用户在一台域成员计算机上登录成功后，当他要连接域内的其他成员计算机时，并不需要再手动登录，这个功能被称为**单点登录**。

> 本地用户账户并不具备**单点登录**的功能，也就是说利用本地用户账户登录后，当要再连接其他计算机时，需要再次手动登录其他计算机。

在服务器升级成为域中的第一台域控制器之后，原本位于本地安全数据库内的本地账户会被转移到AD DS数据库内，并被存储到User容器内，可以通过**Active Directory管理中心**来查看，如图3-1-1所示（可先单击上方的**树视图**图标）。同时这台服务器的计算机账户会被存储到图中的组织单位Domain Controllers内。其他加入域的计算机账户默认会被存储到Computers容器内。

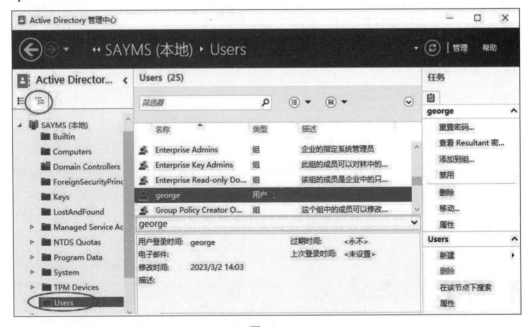

图 3-1-1

也可以通过**Active Directory用户和计算机**来查看，如图3-1-2所示。

只有在创建域内的第一台控制器时，该服务器原来的本地账户才会被转移到AD DS数据库，其他域控制器的本地账户并不会被转移到AD DS数据库，而是被删除。

图 3-1-2

3.1.1 创建组织单位与域用户账户

可以将用户账户创建到任何一个容器或组织单位内。以下假设要先创建一个名称为**业务部**的组织单位，然后在其内创建域用户账户mary。

创建组织单位**业务部**的方法为：【打开**服务器管理器**ᗌ单击右上方的工具菜单ᗌ**Active Directory管理中心**（或**Active Directory用户和计算机**）ᗌ选中域名并右击ᗌ**添加**ᗌ**组织单位**ᗌ如图3-1-3所示输入组织单位的名称**业务部**ᗌ单击 确定 按钮】。

图 3-1-3

图中默认已经勾选**防止意外删除**，因此无法直接将此组织单位删除，除非取消勾选此选项。如果是使用**Active Directory用户和计算机**：【选择**查看**菜单ᗌ**高级功能**ᗌ选中此组织单位并右击ᗌ**属性**ᗌ如图3-1-4所示取消勾选**对象**选项卡之下的**防止对象被意外删除**】。

图3-1-4

在组织单位**业务部**内创建用户账户mary的方法为：【单击组织单位**业务部**➪单击最右侧的**新建**➪**用户**】，如图3-1-5所示。

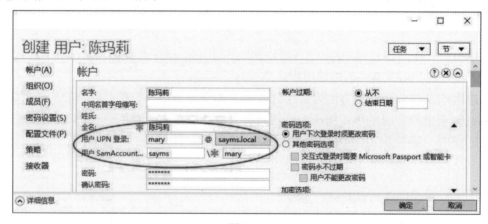

图3-1-5

3.1.2 用户登录账户

域用户可以到域成员计算机（域控制器除外）上利用两种账户名称来登录域，它们分别是图3-1-5中间的**用户UPN登录**与**用户SamAccountName登录**。一般的域用户默认是无法在域控制器上登录（可参考第4章来放开此限制）。

- **用户UPN登录**：UPN（user principal name）的格式与电子邮件账户相同，如前面图3-1-5中的mary@sayms.local，这个名称只能在域成员计算机上登录域时使用（见图3-1-6）。整个林内，这个名称必须是唯一的。

  UPN并不会随着账户被移动到其他域而改变，举例来说，用户mary的用户账户是位于域sayms.local内，其默认的UPN为mary@sayms.local，之后即使此账户被移动到林中的另一个域内，例如域sayiis.local，但其UPN仍然是mary@sayms.local，并没有被改变，因此mary仍然可以继续使用原来的UPN登录。

图 3-1-6

- **用户SamAccountName登录**：如前面图3-1-5中的sayms\mary，这是旧格式的登录账户。Windows 2000之前版本的旧客户端需使用这种格式的名称来登录域。在隶属于域的Windows 2000（含）之后的计算机上也可以采用这种名称来登录，如图3-1-7所示。同一个域内，这个名称必须是唯一的。

图 3-1-7

在Active Directory用户和计算机控制台内，上述用户UPN登录与用户SamAccountName登录分别被称为用户登录名称与用户登录名（Windows 2000以前的版本）。

3.1.3 创建UPN的后缀

用户账户的UPN后缀默认是账户所在域的域名，例如用户账户是被创建在域sayms.local内，则其UPN后缀为sayms.local。在某些情况之下，用户可能希望能够改用其他替代后缀，例如：

- 因为UPN的格式与电子邮件账户相同，所以用户可能希望其UPN可以与电子邮件账户相同，以便让用户不论是登录域还是收发电子邮件，都可以使用同一个名称。
- 如果域树内有较多层的子域，则域名会太长，例如sales.cn.sayms.local，因此UPN后缀也会太长，这将造成用户在登录时的不便。

我们可以通过添加UPN后缀的方式来让用户拥有替代后缀，如下所示：

STEP **1** 打开**服务器管理器**➲单击右上角的**工具**菜单➲**Active Directory域和信任关系**➲如图3-1-8所示单击**Active Directory域和信任关系**后单击上方的**属性**图标。

图3-1-8

STEP **2** 在图3-1-9所示的界面中输入替代的UPN后缀后单击 添加 按钮，再单击 确定 按钮。后缀不一定需DNS格式，例如可以是sayiis.local，也可以是sayiis。

图3-1-9

完成后，就可以通过**Active Directory管理中心**（或**Active Directory用户和计算机**）控制台来更改用户的UPN后缀，如图3-1-10所示。

图3-1-10

3.1.4 账户的常规管理工作

本节将介绍用户账户的常规管理工作，例如重置密码、禁用（启用）账户、移动账户、删除账户、更改登录名称与解除锁定等。可以如图3-1-11所示单击要管理的用户账户（例如图中的**陈玛莉**），然后通过右侧选项来设置。

图 3-1-11

- **重置密码**：当用户忘记密码时，管理员可以利用**重置密码**替用户设置一个新的密码。
- **禁用**（或启用）：如果某位员工因故在一段时间内无法来上班，此时可以暂时将该用户的账户禁用，待该员工回来上班后再重新启用即可。如果用户账户已被禁用，则该用户账户图形上会有一个向下的箭头符号（例如图3-1-11中的用户**李小洋**）。
- **移动**：可以将账户移动到同一个域内的其他组织单位或容器中。
- **重命名**：重命名（可通过【选中用户账户并右击⊃**属性**】的方法）以后，该用户原来所拥有的权限与组关系都不会受到影响。例如当某员工离职时，可以暂时将其用户账户禁用，等到新进员工来接替他的工作时，再将此账户名称改为新员工的名称，并重新设置密码、更改登录账户名称、修改其他相关个人资料，然后重新启用此账户。

在每一个用户账户添加完成之后，系统都会为它创建一个唯一的安全标识符（security identifier，SID），而系统是用这个SID来代表该用户的，同时权限设置等都是通过SID来记录的，并不是通过用户名。例如某个文件的权限列表内，会记录着哪一些SID具备哪一些权限，而不是哪一些用户名拥有哪一些权限。

由于用户账户名或登录名更改后，其SID并没有被改变，因此用户的权限与组关系都不变。可以通过双击用户账户或单击右侧的**属性**来更改用户账户名与登录名等相关设置。

- **删除账户**：如果这个账户以后再也用不到，就可以将此账户删除。当将账户删除后，即使再添加一个相同名称的用户账户，此新账户并不会继承原账户的权限与组关系，因为系统会给予此新账户一个新的SID，而系统是用SID来记录用户的权限与组关系的，不是用账户名，因此对系统来说，这是两个不同的账户，当然就不会继承原账户的权限与组关系。

- **解锁账户**：我们可以通过**账户策略**来设置用户输入密码失败多次后，就将此账户锁定，而管理员可以利用以下方法来解除锁定：【双击该用户账户➡单击图3-1-12中的**解锁账户**（账户被锁定后才会有此选项）】。

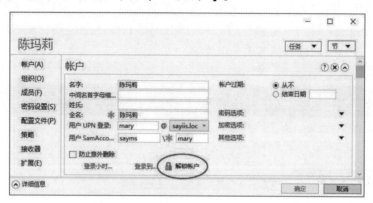

图 3-1-12

3.1.5 域用户账户的属性设置

每一个域用户账户内都有一些相关的属性数据，例如地址、电话、电子邮件信箱等。域用户可以通过这些属性来查找AD DS数据库内的用户，例如通过电话号码来查找用户，因此为了更容易找到所需的用户账户，这些属性数据应该越完整越好。我们将通过 **Active Directory管理中心**来介绍用户账户的部分属性，首先双击要设置属性的用户账户。

1. 组织信息的设置

组织信息就是指显示名称、职称、部门、地址、电话、电子邮件等，如图3-1-13中**组织**区域所示，这部分的属性都很简单，读者可自行浏览这些字段。

图 3-1-13

2. 账户过期的设置

我们可以如图3-1-14所示通过**账户**区域内的**账户过期**来设置账户的有效期限，默认为永不过期。如果要设置过期日，可选中**结束日期**，然后输入格式为yyyy/mm/dd的过期日。

图 3-1-14

3. 登录时间的设置

登录时间用来分配用户可以登录到域的时间，默认是任何时间均可登录域，如果要更改设置，就单击图3-1-15中的**登录小时…**，然后通过前景图来设置。前景图中上方横轴每一方块代表一个小时，左侧纵轴每一方块代表一天，中间的填充方块与空白方块分别代表允许与不允许登录的时间，默认是开放所有的时间。选好时间后，选择**允许登录**或**拒绝登录**来允许或拒绝用户在该时间登录。

图 3-1-15

4. 限制用户只能够通过某些计算机登录

普通域用户默认可以利用任何一台域成员计算机（域控制器除外）来登录域，不过我们也可以通过以下方法来限制用户只可以利用某些特定计算机来登录域：【单击图3-1-16中的**登录到…**⊃在前景图中选中**下列计算机**⊃输入计算机名称后单击添加按钮】，计算机名称可为NetBIOS名称（例如win11pc1）或DNS名称（例如win11pc1.sayms.local）。

图 3-1-16

3.1.6 查找用户账户

AD DS将系统的用户账户、组账户、计算机账户、打印机、共享文件夹等对象存储在AD DS数据库内，域管理员可以方便地在AD DS数据库查找与管理所需的用户账户。

如果要在某个组织单位（或容器）内来查找用户账户，则只需如图3-1-17所示【单击组织单位➲在中间窗口上方输入要查找的用户账户名称即可】，查找到的用户账户会被显示在中间窗口的下方。如果查找目的地要包含此组织单位之下的组织单位，则单击右侧**工作窗口**中的**在该节点下搜索**。

图 3-1-17

如果要查找整个域，则如图3-1-18所示【选中左侧的**全局搜索**➲在中间窗口上方输入要查找的用户账户名称➲单击搜索按钮】。

也可以通过**全局编录服务器**来查找位于其他域内的对象，不过需要先将查找范围更改为**全局编录搜索**，如图3-1-19所示。

也可以通过图3-1-20中的**概述**界面来执行全局搜索工作。

图 3-1-18

图 3-1-19

图 3-1-20

还可以进一步通过分配的条件来搜索用户账户，例如要搜索**业务部**内电话号码是空白的所有用户账户，则如图3-1-21所示【单击组织单位**业务部**中的**添加标准**（如果未出现**添加标准**字样，则先单击右上方的箭头符号˅）➜勾选**类型**➜单击 添加 按钮➜如图3-1-22所示在**类型**处选择**等于**，然后输入**用户**】。

图 3-1-21

图 3-1-22

接着如图3-1-23所示【单击**添加标准**⮞勾选**电话号码**⮞单击 添加 按钮⮞在图3-1-24中的**电话号码**旁选择**为空**】，系统便会显示**业务部**内电话号码属性值是空白的所有用户账户。

图 3-1-23

图 3-1-24

可以将所定义的查询（搜索）条件保存起来，也就是单击图3-1-25中的保存图标，然后为此查询命名，之后就可以如图3-1-26所示通过此查询内所定义的条件来搜索。

图 3-1-25

图 3-1-26

如果要在没有安装**Active Directory管理中心**的成员服务器或其他成员计算机上查找AD DS对象（以Windows 10计算机为例）：可以通过【打开**文件资源管理器**➲单击左下方的**网络**➲如图3-1-27所示单击上方**网络**下的**搜索Active Directory**】的方法（可能需要先启用网络发现）。

图 3-1-27

接着如图3-1-28所示在**查找**处选择**用户、联系人及组**，在**范围**处选择**整个目录**（也就是**全局编录**）或域名，在**名称**处输入要查找的名称后单击 开始查找 按钮，然后就可以从最下面的**搜索结果**中查看与管理所查找到的账户。

图 3-1-28

如果要进一步通过特定条件来查找用户账户，例如要搜索**业务部**内电话号码是空白的所有用户账户：【如图3-1-29所示单击**高级**选项卡➲通过**字段**来选择用户的**电话号码**属性➲**条件**选择**不存在**➲单击添加按钮➲单击开始查找按钮】，可以同时设置多个查找条件。

图 3-1-29

3.1.7 域控制器之间数据的复制

如果域内有多台域控制器，则当更改AD DS数据库内的数据时，例如利用**Active Directory管理中心**（或**Active Directory用户和计算机**）来添加、删除、修改用户账户或其他对象，则这些变更数据会先被存储到所连接的域控制器，之后再自动被复制到其他域控制器。

可以如图3-1-30所示【选中域名并右击➲**更改域控制器**➲**当前域控制器**】来得知目前所连接的域控制器，例如图中的DC1.sayms.local。而此域控制器何时会将其最新的变更信息复制给其他域控制器呢？这分为以下两种情况：

图 3-1-30

- **自动复制**：如果是同一个站点内的域控制器，则默认15秒钟后会自动复制，因此其他域控制器可能等15秒或更久时间就会收到这些最新的数据；如果是位于不同站点的域控制器，则需根据所设置的复制计划来 确定（详见第9章）。

- **手动复制**：有时候可能需要手动复制，例如网络故障造成复制失败，这时不希望等到下一次的自动复制，而是希望能够立刻复制。以下假设要将信息从域控制器DC1复制到DC2：在任一台域控制器上【打开服务器管理器❍单击右上角的**工具**菜单❍**Active Directory站点和服务**❍**Sites**❍**Default-First-Site-Name**❍**Servers**❍展开目的地域控制器（DC2）❍如图3-1-31所示单击**NTDS Settings**❍选中右侧的来源域控制器（DC1）并右击❍**立即复制**】。

图3-1-31

> 与**组策略**有关的设置会先被存储到扮演**PDC模拟器操作主机**角色的域控制器内，然后由它复制给其他的域控制器（详见第10章）。

3.2 一次同时添加多个用户账户

如果是利用**Active Directory管理中心**（或**Active Directory用户和计算机**）的图形界面来创建大量用户账户，那将浪费很多时间在重复操作相同的步骤上，此时可以利用内置的工具程序**csvde.exe**、**ldifde.exe**或**dsadd.exe**等来节省创建用户账户的时间。

- **csvde.exe**：可以利用它来添加用户账户（或其他类型的对象），但不能修改或删除用户账户。请事先将用户账户数据输入纯文本文件（text file），然后利用csvde.exe将文件内的这些用户账户一次性导入AD DS数据库。

- **ldifde.exe**：可以利用它来添加、删除、修改用户账户（或其他类型的对象）。请事先将用户账户数据输入纯文本文件内，然后利用ldifde.exe将文件内的这些用户账户一次性导入AD DS数据库。

- **dsadd.exe**、**dsmod.exe**与**dsrm.exe**：dsadd.exe用来添加用户账户（或其他类型的对象），dsmod.exe用来修改用户账户，dsrm.exe用来删除用户账户。需要创建批处理文件，然后利用这3个程序将要添加、修改或删除的用户账户输入此批处理文件（batch file）。

以csvde.exe与ldifde.exe这两个程序来说，请先利用可以编辑纯文本文件的程序（例如**记事本**）来将用户账户数据输入文件内：

- 需要指明用户账户的存储路径（distinguished name，DN）。
- 需要包含对象的类型，例如user。
- **需要包含用户SamAccountName登录账户名。**
- **应该要包含用户UPN登录账户名。**
- 可以包含用户的其他信息，例如电话号码、地址等。
- 无法设置用户的密码：由于所创建的用户账户没有密码，因此可以先禁用用户账户。

3.2.1 利用csvde.exe来添加用户账户

我们将利用**记事本**（notepad）来说明如何创建供csvde.exe使用的文件，此文件的内容与图3-2-1所示的类似。

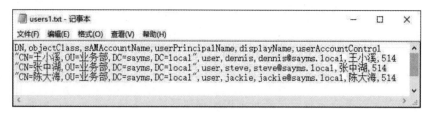

图 3-2-1

图中第2行（含）以后的都是要创建的每一个用户账户的属性数据，各属性数据之间利用逗号（,）隔开。第1行用来定义第2行（含）以后相对应的每一个属性。例如第1行的第1个字段为DN，表示从第2行开始每一行的第1个字段代表新对象的存储路径；又如第1行的第2个字段为objectClass，表示从第2行开始每一行的第2个字段代表新对象的对象类型。

我们利用图3-2-1中的第2行数据来说明含意，如表3-2-1所示。

表3-2-1 用户账户的属性及其值与说明

属　性	值与说明
DN	CN=王小溪，OU=业务部，DC=sayms，DC=local：对象的存储路径
objectClass	user：对象种类
sAMAccountName	dennis：用户**SamAccountName**登录
userPrincipalName	dennis@sayms.local：用户**UPN**登录
displayName	王小溪：显示名称
userAccountControl	514：表示禁用此账户（512表示启用）

文件创建好后，请打开**Windows PowerShell**，然后执行以下命令（参考图3-2-2），假设文件名为users1.txt，且文件位于C:\test文件夹内：

```
csvde  -i  -f  c:\test\users1.txt
```

图 3-2-2

图3-2-3为执行命令后所创建的新账户，图中向下的箭头符号表示账户被禁用。

图 3-2-3

3.2.2 利用ldifde.exe来添加、修改与删除用户账户

以下利用**记事本**来说明如何创建供ldifde.exe使用的文件，其内容与图3-2-4所示的类似。

图 3-2-4

请参考图3-2-4来创建文件，如果此文件最后还要增加其他账户，可在最后一个减号之后至少空一行，再输入数据。注意保存时需如图3-2-5所示在**编码**处选择**UTF-16 LE**（旧版系统可选**Unicode**），否则在导入AD DS数据库时会有问题（例如无法导入或产生中文乱码问题）。

图 3-2-5

完成后请打开Windows PowerShell，然后执行以下命令（参考图3-2-6），假设文件名为users2.txt，且文件位于C:\test文件夹内：

```
ldifde -i -f c:\test\users2.txt
```

图 3-2-6

如果要将数据导入分配的域控制器，则加入**-s** 参数，例如（此范例假设是要导入域控制器dc1.sayms.local）：

```
ldifde -s dc1.sayms.local -i -f c:\test\users2.txt
```

csvde与ldifde命令的详细语法可利用csvde /?与ldifde /?来查看。

3.2.3 利用dsadd.exe等程序来添加、修改与删除用户账户

以下利用**记事本**来说明如何创建内含dsadd、dsmod与dsrm命令的批处理文件，以便添加、修改与删除用户账户。此文件的内容类似图3-2-7，图中针对这3个命令各列举了一个范例。

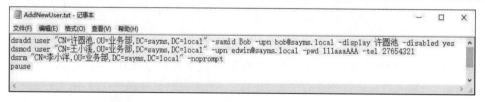

图 3-2-7

- 第1行dsadd命令：它用来新建一个位于**CN=许圆池,OU=业务部,DC=sayms,DC=local**的用户账户，其中，-samid Bob用来将其**用户SamAccountName登录**设置为Bob，-upn bob@sayms.local用来将**其用户UPN登录**设置为bob@sayms.local，-display许圆池用来将其显示名称设置为许圆池，-disabled yes表示禁用此账户。
- 第2行dsmod命令：用来修改位于**CN=王小溪,OU=业务部,DC=sayms,DC=local**的用户账户，其中，**-upn edwin@sayms.local**用来将其**用户UPN登录**更改为edwin@sayms.local，**-pwd 111aaAA**用来将其密码更改为111aaAA，**-tel 27654321**用来将其电话号码更改为27654321。
- 第3行dsrm命令：用来删除位于**CN=李小洋,OU=业务部,DC=sayms,DC=local**的用户账户，其中，-noprompt表示不显示删除确认的界面。
- 最后一行的pause命令只是为了让界面暂停，以便于查看执行的结果。

请参考图3-2-7来创建文件。注意，保存时**记事本**默认会自动附加.txt的扩展名（系统默认会隐藏扩展名），然而我们必须将其存储成为扩展名是.bat或.cmd的文件，因此保存时如图3-2-8所示在文件名前后附加双引号，例如"AddNewUser.bat"，否则其文件名会是AddNewUser.bat.txt。

图 3-2-8

完成后通过直接在**文件资源管理器**内双击此批处理文件的方式来执行它，此时系统会依序执行此文件内的命令，如图3-2-9所示。

图 3-2-9

Dsadd.exe、dsmod.exe与dsrm.exe等3个程序还有许多参数可以使用，其详细语法可利用dsadd /?、dsmod /?与dsrm /?来查看。

3.3 域组账户

如果能够有效利用组（group）来管理用户账户，那么必定能够减轻许多网络管理的负担。例如当针对**业务部**组设置权限后，此组内的所有用户都会自动拥有此权限，如此一来就不需要针对每一个用户来单独设置相同的权限了。

组账户也有唯一的安全标识符。

3.3.1 域组的类型

AD DS的域组分为以下两种类型，且它们之间可以相互转换：

- **安全组**（security group）：它可以被用来分配权限，例如可以分配它对文件具备**读取**的权限。它也可以被用在与安全无关的工作上，例如可以发送电子邮件给安全组。
- **发布组**（distribution group）：它被用在与安全（权限设置等）无关的工作上，例如可以给发布组发送电子邮件，但是无法给发布组分配权限。

3.3.2 组的作用域

以组的作用域来看，域内的组分为以下三种（见表3-3-1）：本地域组（domain local group）、全局组（global group）、通用组（universal group）。

表3-3-1 域内的组

特　性	本地域组	全　局　组	通　用　组
可包含的成员	所有域内的用户、全局组、通用组；相同域内的本地域组	相同域内的用户与全局组	所有域内的用户、全局组、通用组
可以在哪一个域内被设置权限	同一个域	所有域	所有域

1. 本地域组

它主要用来分配其所属域内的权限，以便可以访问该域内的资源。

- 其成员可以包含任何一个域内的用户、全局组、通用组，也可以包含相同域内的本地域组，但无法包含其他域内的本地域组。

- 本地域组只能够访问该域内的资源，无法访问其他不同域内的资源；换句话说在设置权限时，只可以设置相同域内的本地域组的权限，但是无法设置其他不同域内的本地域组的权限。

2. 全局组

它主要用来组织用户，也就是可以将多个即将被赋予相同权限的用户账户加入同一个全局组内。

- 全局组内的成员，只可以包含相同域内的用户与全局组。
- 全局组可以访问任何一个域内的资源，也就是说可以在任何一个域内设置全局组的权限（这个全局组可以位于任何一个域内），以便让此全局组具备权限来访问该域内的资源。

3. 通用组

它可以在所有域内设置访问权限，以便访问所有域内的资源。

- 通用组具备"通用范围"特性，其成员可以包含林中任何一个域内的用户、全局组、通用组，但是它无法包含任何一个域内的本地域组。
- 通用组可以访问任何一个域内的资源，也就是说可以在任何一个域内设置通用组的权限（这个通用组可以位于任何一个域内），以便让此通用组具备权限来访问该域内的资源。

3.3.3 域组的创建与管理

1. 组的新建、删除与重命名

新建域组时，首先【打开**服务器管理器**➲单击右上角的**工具菜单**➲Active Directory管理中心➲展开域名➲单击容器或组织单位➲单击右侧工作窗格的**新建**➲组】，然后在图3-3-1中输入组名和供旧版操作系统来访问的组名，选择组类型与组作用域等。如果要删除组：【选中组账户并右击➲**删除**】。

图 3-3-1

2. 添加组的成员

如果要将用户、组等加入组内：【如图3-3-2所示单击**成员**区域右侧的 添加 按钮➲单击 高级 按钮➲单击 立即查找 按钮➲选择要被加入的成员（按住 Shift 或 Ctrl 键可同时选择多个账户）➲单击 确定 按钮➲……】。

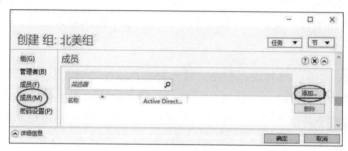

图3-3-2

3.3.4 AD DS内置的组

AD DS有许多内置组，它们分别隶属于本地域组、全局组、通用组与特殊组。

1. 内置的本地域组

这些本地域组默认本身已被赋予一些权限，以便让其具备管理AD DS域的能力。只要将用户或组账户加入这些组内，这些账户也会自动具备相同的权限。以下是Builtin容器内较常用的本地域组。

- **Account Operators**：其成员默认可在容器与组织单位内新建/删除/修改用户、组与计算机账户，不过部分内置的容器例外，例如Builtin容器与Domain Controllers组织单位。同时也不允许在部分内置的容器内新建计算机账户，例如Users。他们也无法更改大部分组的成员，例如Administrators等。
- **Administrators**：其成员具备管理员权限，他们对所有域控制器拥有最大控制权限，可以执行AD DS管理工作。内置管理员Administrator就是此组的成员，而且无法将它从此组内删除。此组默认的成员包含了Administrator、全局组Domain Admins、通用组Enterprise Admins等。
- **Backup Operators**：其成员可以通过Windows Server Backup工具来备份与还原域控制器内的文件，不论他们是否有权限访问这些文件。其成员也可以对域控制器执行关机操作。
- **Guests**：其成员无法永久改变其桌面环境，当他们登录时，系统会为他们创建一个临时的工作环境（用户配置文件），而注销时此临时的环境就会被删除。此组默认的成员为用户账户Guest与全局组Domain Guests。
- **Network Configuration Operators**：其成员可在域控制器上执行常规网络配置工作，例如更改IP地址，但不可以安装、删除驱动程序与服务，也不能执行与网络服务器设置有关的工作，例如DNS与DHCP服务器的设置。

- **Performance Monitor Users**：其成员可监视域控制器的工作性能。
- **Print Operators**：其成员可以管理域控制器上的打印机，也可以对域控制器执行关机操作。
- **Remote Desktop Users**：其成员可在远程计算机上通过远程桌面来登录。
- **Server Operators**：其成员可以备份与还原域控制器内的文件，锁定与解锁域控制器，格式化域控制器上的硬盘，更改域控制器的系统时间，对域控制器执行关机操作等。
- **Users**：其成员仅拥有一些基本权限，例如执行应用程序，但是他们不能修改操作系统的设置、不能更改其他用户的数据、不能将服务器关机。此组默认的成员为全局组Domain Users。

2. 内置的全局组

AD DS内置的全局组本身并没有任何的权限，但是可以将它加入具备权限的本地域组，或另外直接分配权限给此全局组。这些内置全局组位于User容器内。以下列出较常用的全局组：

- **Domain Admins**：域成员计算机会自动将此组加入其本地组Administrators内，因此Domain Admins组内的每一个成员，在域内的每一台计算机上都具备管理员权限。此组默认的成员为域用户Administrator。
- **Domain Computers**：所有的域成员计算机（域控制器除外）都会被自动加入此组内。
- **Domain Controllers**：域内的所有域控制器都会被自动加入此组内。
- **Domain Users**：域成员计算机会自动将此组加入其本地组Users内，因此Domain Users内的用户享有本地组Users所拥有的权限，例如拥有**允许本地登录**的权限。此组默认的成员为域用户Administrator，而以后添加的域用户账户都自动隶属于此组。
- **Domain Guests**：域成员计算机会自动将此组加入本地组Guests内。此组默认的成员为域用户账户Guest。

3. 内置的通用组

- **Enterprise Admins**：此组只存在于林根域，其成员有权管理林内的所有域。此组默认的成员为林根域内的用户Administrator。
- **Schema Admins**：此组只存在于林根域，其成员具备管理**架构**的权限。此组默认的成员为林根域内的用户Administrator。

4. 内置的特殊组

除了前面介绍的组之外，还有一些特殊组，这些特殊组的成员是无法更改的。以下列出几个较常使用的特殊组：

- **Everyone**：任何一个用户都属于这个组。如果Guest账户被启用，则在分配权限给Everyone时需小心，因为一个在计算机内没有账户的用户通过网络来登录计算机时，他会被自动允许利用Guest账户来连接，此时因为Guest也是隶属于Everyone组的，所以他将具备Everyone所拥有的权限。
- **Authenticated Users**：任何利用有效用户账户来登录此计算机的用户，都隶属于此组。

- **Interactive**：任何在本地登录（例如按 Ctrl + Alt + Delete 组合键登录）的用户，都隶属于此组。
- **Network**：任何通过网络来登录此计算机的用户，都隶属于此组。
- **Dialup**：任何利用拨接方式来连接的用户，都隶属于此组。

3.4 组的使用原则

为了让网络管理更为简单，同时也为了减少以后维护的负担，在利用组来管理网络资源时，建议尽量采用以下原则，尤其是大型网络：

- A、G、DL、P原则。
- A、G、G、DL、P原则。
- A、G、U、DL、P原则。
- A、G、G、U、DL、P原则。

A代表用户账户（user Account），G代表全局组（Global group），DL代表本地域组（Domain Local group），U代表通用组（Universal group），P代表权限（Permission）。

3.4.1 A、G、DL、P原则

A、G、DL、P原则就是先将用户账户（A）加入全局组（G），再将全局组加入本地域组（DL）内，然后设置本地域组的权限（P），如图3-4-1所示。以此图为例，只要针对图中的本地域组来设置权限，则隶属于该本地域组的全局组内的所有用户都会自动具备该权限。

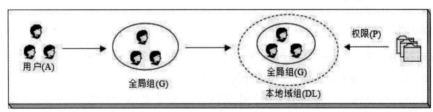

图 3-4-1

举例来说，如果甲域内的用户需要访问乙域内资源，则由甲域的管理员负责在甲域创建全局组，并将甲域用户账户加入此组内；而乙域的管理员则负责在乙域创建本地域组，设置此组的权限，然后将甲域的全局组加入此组内。之后由甲域的管理员负责维护全局组内的成员，而乙域的管理员则负责维护权限的设置，如此便可以分散管理的负担。

3.4.2 A、G、G、DL、P原则

A、G、G、DL、P原则就是先将用户账户（A）加入全局组（G），然后将此全局组加入另一个全局组（G）内，再将此全局组加入本地域组（DL）内，最后设置本地域组的权限

（P），如图3-4-2所示。图中的全局组（G3）内包含了2个全局组（G1与G2），它们必须是同一个域内的全局组，因为全局组内只能够包含位于同一个域内的用户账户与全局组。

图 3-4-2

3.4.3 A、G、U、DL、P原则

图3-4-2中的全局组G1与G2如果不与G3在同一个域内，则无法采用A、G、G、DL、P原则，因为全局组（G3）内无法包含位于另外一个域内的全局组，此时需将全局组G3改为通用组，也就是需改用A、G、U、DL、P原则（见图3-4-3），此原则是先将用户账户（A）加入全局组（G），然后将此全局组加入通用组（U）内，再将此通用组加入本地域组（DL）内，最后设置本地域组的权限（P）。

图 3-4-3

3.4.4 A、G、G、U、DL、P原则

A、G、G、U、DL、P原则与前面两种类似，在此不再重复说明。

也可以不遵循以上的原则来使用组，不过会存在一些缺点，例如：

- 直接将用户账户加入本地域组内，然后设置此组的权限。它的缺点是并无法在其他域内设置此本地域组的权限，因为本地域组只能够访问所属域内的资源。
- 直接将用户账户加入全局组内，然后设置此组的权限。它的缺点是如果网络内包含多个域，而每个域内都有一些全局组需要对此资源具备的相同权限，则需要分别替每一个全局组设置权限，这种方法比较浪费时间，会增加网络管理的负担。

第4章　利用组策略管理用户工作环境

通过AD DS的**组策略**功能，更容易管理用户工作环境与计算机环境，减轻网络管理负担，降低网络管理成本。

4.1 组策略概述

系统管理员可以利用组策略来充分管理用户的工作环境，通过它来确保用户拥有符合管理要求的工作环境，也通过它来限制用户，如此不但可以让用户拥有适当的工作环境，也可以减轻系统管理员的管理负担。

4.1.1 组策略的功能

以下列举组策略所提供的一些主要功能：

- **账户策略的设置**：例如可以设置用户账户的密码长度、密码使用期限、账户锁定策略等。
- **本地策略的设置**：例如审核策略的设置、用户权限的分配、安全性的设置等。
- **脚本的设置**：例如登录与注销、启动与关机脚本的设置。
- **用户工作环境的设置**：例如隐藏用户桌面上所有的图标，删除**开始**菜单中的**执行/查找/关机**等选项，删除浏览器的部分选项，强制通过指定的代理服务器上网等。
- **软件的安装与删除**：用户登录或计算机启动时，自动为用户安装应用软件，自动修复应用软件或自动删除应用软件。
- **限制软件的执行**：通过各种不同的软件限制规则来限制域用户只能执行指定的程序。
- **文件夹的重定向**：例如改变**文档**、**开始**菜单等文件夹的存储位置。
- **限制访问"可移动存储设备"**：例如限制将文件写入U盘。
- **其他众多的系统设置**：例如让所有的计算机都自动信任指定的CA（certificate authority），限制安装设备驱动程序（device driver）等。

可以在AD DS中针对站点、域与组织单位来设置组策略（见图4-1-1）。

组策略内包含着**计算机配置**与**用户配置**两部分：

- **计算机配置**：当计算机开机时，系统会根据**计算机配置**的内容来设置计算机的环境。举例来说，如果针对域sayms.local配置了组策略，则此组策略内的**计算机配置**就会被应用（apply）到这个域内的所有计算机。
- **用户配置**：当用户登录时，系统会根据**用户配置**的内容来设置用户的工作环境。举例来说，如果针对组织单位**业务部**配置了组策略，则其中的**用户配置**就会被应用到这个组织单位内的所有用户。

除了可以针对站点、域与组织单位来配置组策略之外，还可以在每一台计算机上配置其**本地计算机策略**（local computer policy），这个计算机策略只会应用到本地计算机与在此台计算机上登录的所有用户。

图 4-1-1

4.1.2 组策略对象

组策略是通过**组策略对象**（group policy object，GPO）来配置的，而只要将GPO链接（link）到指定的站点、域或组织单位，此GPO内的设置值就会影响到该站点、域或组织单位内的所有用户与计算机。

1. 内置的GPO

AD DS域有两个内置的GPO，它们分别是：

- **Default Domain Policy**：此GPO默认已经被链接到域，因此其设置值会被应用到整个域内的所有用户与计算机。
- **Default Domain Controller Policy**：此GPO默认已经被链接到组织单位Domain Controllers，因此其设置值会被应用到Domain Controllers内的所有用户与计算机（Domain Controllers内默认只有域控制器的计算机账户）。

可以通过【打开服务器管理器⊃单击右上角的工具菜单⊃组策略管理⊃如图4-1-2所示】的方法来验证Default Domain Policy与Default Domain Controller Policy已经分别被链接到域sayms.local与组织单位Domain Controllers。

> 在尚未彻底了解组策略以前，请暂时不要随意更改Default Domain Policy或Default Domain Controller Policy这两个GPO的设置值，以免影响系统运行。

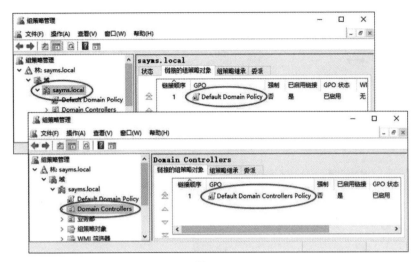

图 4-1-2

2. GPO的内容

GPO的内容被分为GPT与GPC两部分，它们分别被存储在不同的地点：

- **GPT**（group policy template）：GPT用来存储GPO设置值与相关文件，它是一个文件夹，位于域控制器的 **%*systemroot*%\SYSVOL\sysvol\ 域名 \Policies** 文件夹内（%*systemroot*%一般是C:\Windows）。系统将GPO的GUID当作GPT的文件夹名称，例如图4-1-3中的两个文件夹分别是Default Domain Controller Policy与Default Domain Policy的GPT（图中的数字分别是这两个 GPO的GUID）。

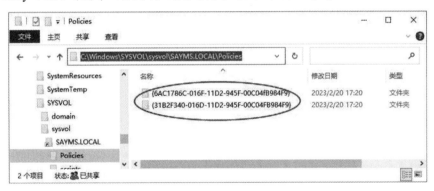

图 4-1-3

如果要查询GPO的GUID，例如要查询Default Domain Policy的GUID，则可以通过如图4-1-4所示的【在**组策略管理**控制台中单击Default Domain Policy➲单击**详细信息**选项卡➲**唯一ID**】的方法。

- **GPC**（group policy container）：GPC存储在AD DS数据库内，它记载着此GPO的属性与版本等数据。域成员计算机可通过属性来得知GPT的存储位置，而域控制器可以利用版本来判断其所拥有的GPO是否为最新版本，以便作为是否需要从其他域控制器复制最新GPO设置的依据。

图4-1-4

可以通过以下方法来查看GPC：【打开服务器管理器➲单击右上角的工具菜单➲Active Directory管理中心➲选择树视图图标➲单击域（例如sayms）➲展开容器System➲如图4-1-5所示单击Policies】。

图4-1-5

 每一台计算机都有本地计算机策略，可以【按⊞+ R 组合键➲输入MMC后单击确定按钮➲单击文件菜单➲添加/删除管理单元➲选择组策略对象编辑器➲依序单击添加、完成、确定按钮】来创建管理本地计算机策略的工具（或按⊞+ R 组合键➲输入gpedit.msc后单击确定按钮）。本地计算机策略的设置数据被存储在本地计算机%systemroot%\System32\GroupPolicy文件夹内，它是一个隐藏式文件夹（%systemroot%一般是C:\Windows）。

4.1.3 策略设置与首选项设置

组策略的设置还被区分为策略设置与首选项设置两种：

- 只有域的组策略才有首选项设置功能，本地计算机策略并无此功能。
- 策略设置是强制性设置，客户端应用这些设置后就无法更改（有些设置虽然客户端可以自行更改设置值，不过下次应用策略时，仍然会被改为策略内的设置值）；然而**首选项设置**是非强制性的，客户端可自行更改设置值，因此**首选项设置**适合用来当作默认值。

- 如果要筛选**策略设置**，需针对整个GPO来筛选，例如某个GPO已经被应用到**业务部**，但是我们可以通过筛选设置来让它不要应用到**业务部**经理mary，也就是整个GPO内的所有设置项目都不会被应用到mary；然而**首选项设置**可以针对单一设置项目进行筛选。

- 如果在**策略设置**与**首选项设置**内有相同的设置项目，而且都已做了设置，但是其设置值却不相同，则以**策略设置**优先。

4.1.4 组策略的应用时机

当修改了站点、域或组织单位的GPO设置值后，这些设置值并不是立刻就对其内的用户与计算机生效，而是必须等GPO设置值被应用到用户或计算机后才生效。GPO设置值内的计算机配置与用户配置的应用时机并不相同。

1. 计算机配置的应用时机

域成员计算机会在以下场合应用GPO的计算机配置值：

- 计算机开机时会自动应用。
- 如果计算机已经开机，则会每隔一段时间自动应用：

  - 域控制器：默认是每隔5分钟自动应用一次。
  - 非域控制器：默认是90～120分钟之间自动应用一次。
  - 不论策略设置值是否更改，都会每隔16小时自动应用一次安全策略。

- 手动应用：到域成员计算机上打开Windows PowerShell窗口，然后执行**gpupdate /target:computer**命令。

2. 用户配置的应用时机

域用户会在以下场合应用GPO的用户配置值：

- 用户登录时会自动应用。
- 如果用户已经登录，则默认会90～120分钟自动应用一次，并且不论策略设置值是否更改，都会每隔16小时自动应用一次安全策略。
- 手动应用：到域成员计算机上打开Windows PowerShell窗口，然后执行**gpupdate /target:user**命令。

执行**gpupdate**但不附加参数，会同时应用计算机与用户配置。

部分策略设置可能需计算机重新启动或用户重新登录才会生效，例如**软件安装策略与文件夹重定向策略**。

4.2 策略设置实例演练

为了让读者有一个比较清楚的概念，在继续解释更高级的组策略功能之前，我们先分别利用两个实例来练习GPO的**计算机配置**与**用户配置**中的**策略设置**。

4.2.1 策略设置实例演练一：计算机配置

系统默认是只有某些组（例如administrators）内的用户，才有权在扮演域控制器角色的计算机上登录，如果一般用户在域控制器上登录，屏幕上会出现类似图4-2-1所示的无法登录的警告信息，除非他们被赋予**允许本地登录**的权限。

图4-2-1

以下假设要开放权限让域SAYMS内Domain Users组内的用户可以在域控制器上登录。我们将通过默认的Default Domain Controllers Policy来设置，也就是要让这些用户在域控制器上拥有**允许本地登录**的权限。

>
>
> 一般来说，域控制器等重要的服务器不应该开放普通用户登录权限。
> 在成员服务器、Windows 11等非域控制器的计算机上，Domain Users组默认已经拥有**允许本地登录**的权限。

STEP **1** 请到域控制器上利用域系统管理员身份登录。

STEP **2** 打开**服务器管理器**➲单击右上角的工具菜单➲**组策略管理**。

STEP **3** 如图4-2-2所示【展开到组织单位**Domain Controllers**➲选中右侧的**Default Domain Controllers Policy**并右击➲**编辑**】。

STEP **4** 如图4-2-3所示【展开计算机配置➲策略➲**Windows**设置➲安全设置➲本地策略➲用户权限分配➲双击右侧的允许本地登录】。

图 4-2-2

图 4-2-3

STEP **5** 　如图4-2-4所示【单击 添加用户或组 按钮⮞输入或选择域SAYMS内的Domain Users组
⮞单击两次 确定 按钮】。由此图中可以看出，默认只有Account Operators、
Administrators等组才拥有**允许本地登录**的权限。

图 4-2-4

完成后，需等这个策略被应用到组织单位Domain Controllers内的域控制器后才有效（见前一小节的说明）。待应用完成后，就可以利用任何一个域用户账户到域控制器上登录，来测试**允许本地登录**功能是否正常。

 如果域控制器是利用Hyper-V建置的虚拟机，并且在**查看**处勾选**增强会话**，由于此时是采用远程桌面连接来连接虚拟机的，因此需先利用**Active Directory管理中心** （或**Active Directory用户和计算机**）将Domain Users组加入Remote Desktop Users组，并执行gpedit.msc来开放让Remote Desktop Users组具备**允许通过远程桌面服务登录**的权限（计算机配置⮕安全设置⮕本地策略⮕用户权限分配⮕……），否则域用户无法登录。

另外如果域内有多台域控制器，由于策略设置默认会先被存储到扮演**PDC模拟器操作主机**角色的域控制器（默认是域中的第1台域控制器），因此需等这些策略设置被复制到其他域控制器，然后再等这些策略设置值被应用到这些域控制器。

可以利用【打开服务器管理器⮕单击右上角的工具菜单⮕Active Directory用户和计算机⮕选中域名并右击⮕操作主机⮕PDC选项卡】来得知扮演**PDC模拟器操作主机**的域控制器。

系统可以利用以下两种方式来将**PDC模拟器操作主机**内的组策略设置复制到其他域控制器：

- **自动复制**：**PDC模拟器操作主机**默认是15秒后会自动将其复制出去，因此其他的域控制器可能需要等15秒或更久时间才会接收到此设置值。
- **手动复制**：假设**PDC模拟器操作主机**是DC1，而我们要将组策略设置手动复制到域控制器DC2。请在域控制器上【打开服务器管理器⮕单击右上角的工具菜单⮕Active Directory站点及服务⮕Sites⮕Default-First-Site-Name⮕Servers⮕展开目的地域控制器（DC2）⮕NTDS Settings⮕选中**PDC模拟器操作主机**（DC1）并右击⮕立即复制】。

4.2.2 策略设置实例演练二：用户配置

假设域sayms.local内有一个组织单位**业务部**，而且已经限制他们需通过企业内部的代理服务器上网（代理服务器proxy server的设置留待4.3.2节"首选项设置"**实例演练**二再说明），而为了避免用户私自更改这些设置值，因此以下将禁用其更改Proxy的功能。

由于目前并没有任何GPO被连接到组织单位**业务部**，因此我们将先创建一个连接到**业务部**的GPO，然后通过修改此GPO设置值的方式来达到目的。

STEP **1** 请利用域系统管理员身份登录到域控制器上。

STEP **2** 打开**服务器管理器**⮕单击右上角的工具菜单⮕组策略管理。

STEP **3** 如图4-2-5所示【展开到组织单位**业务部**⮕选中**业务部**并右击⮕在这个域中创建GPO并将它链接到这里】。

图 4-2-5

也可以先通过【选中**组策略对象**并右击➲**新建**】的方法来创建新GPO，然后通过【选中组织单位**业务部**并右击➲**链接现有GPO**】的方法来将上述GPO链接到组织单位**业务部**。

如果要备份或还原GPO：【选中组策略对象并右击➲**备份**或从备份还原】。

STEP 4 在图4-2-6所示的界面中为此GPO命名（例如**测试用的GPO**）后单击**确定**按钮。

图 4-2-6

STEP 5 如图4-2-7所示选中这个新建的GPO并右击➲编辑。

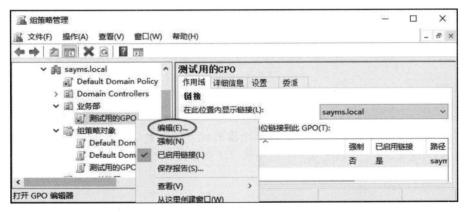

图 4-2-7

STEP 6 如图4-2-8所示【展开用户配置➲策略➲管理模板➲**Windows**组件➲**Internet Explorer**➲将右侧**阻止更改代理设置**改为已启用】。

图 4-2-8

STEP 7 请利用**业务部**内的任何一个用户账户到任何一台域成员计算机上登录。

STEP 8 Windows 11客户端可以【单击左下角的**开始**图标▦➲单击**设置**图标◉➲网络和 Internet（可能需先单击左上方的三条线图标≡）➲单击图4-2-9中的代理（Proxy）来确认它已经无法更改代理的相关设置】。

图 4-2-9

> 也可以通过【单击下方的文件资源管理器图标▦➲选中左下方的网络并右击➲属性
> ➲Internet选项➲单击连接选项卡下的 局域网设置 按钮➲代理服务器】来查看。

4.3 首选项设置实例演练

首选项设置并非强制性的，客户端可自行更改设置值，因此它适合用来当作默认值。

4.3.1 "首选项设置"实例演练一

我们要让位于组织单位**业务部**内的用户Peter登录，其驱动器号Z:会自动连接到\\dc1\tools共享文件夹，不过同样位于**业务部**内的其他用户登录时不会有Z:磁盘。我们利用前面所创建的**测试用的GPO**来练习。

STEP **1**　请到域控制器DC1上利用域系统管理员身份登录。

STEP **2**　打开**文件资源管理器**，创建文件夹tools，并将它设置为共享文件夹（选中文件夹并右击➲授予访问权限），然后开放**读取/写入**的权限给Everyone。

STEP **3**　打开**服务器管理器**➲单击右上角的**工具**菜单➲组策略管理。

STEP **4**　在图4-3-1所示的界面中选中组织单位**业务部**下的**测试用的GPO**并右击➲编辑。

图 4-3-1

STEP **5**　如图4-3-2所示展开**用户配置**➲首选项➲**Windows**设置➲选中驱动器映射并右击➲新建➲映射驱动器。

图 4-3-2

在Windows设置下的应用程序、磁盘驱动器映射、环境等被称为扩展。

STEP **6**　在图4-3-3所示的界面中的**操作**处选择**更新**，在**位置**处输入共享文件夹路径\\dc1\tools，使用Z:磁盘来连接此共享文件夹，勾选**重新连接**以便客户端每次登录时都会自动利用Z:磁盘来连接。

图4-3-3

其中的**操作**可以有以下的选择：

- **创建**：会在客户端计算机创建用来连接此共享文件夹的Z:磁盘。
- **替换**：客户端如果已存在Z: 磁盘，则将它删除后改为以此处的设置来替换。如果客户端不存在Z: 磁盘，则新建。
- **更新**：修改客户端的Z:磁盘设置，例如修改客户端连接共享文件夹时所使用的用户账户与密码。如果客户端不存在Z: 磁盘，则新建。此处我们选择默认的**更新**。
- **删除**：删除客户端的Z: 磁盘。

STEP **7**　单击图4-3-4中**常用**选项卡，如图所示进行勾选：

- **如果发生错误，则停止处理该扩展中的项目**：当驱动器映射扩展内有多个设置项目时，默认是当系统在处理某项目时，如果发生错误，则它仍然会继续处理下一个项目，但如果勾选此选项，它就会停止，不再继续处理下一个项目。
- **在登录用户的安全上下文中运行（用户策略选项）**：客户端默认是利用本地系统账户身份来处理**首选项设置**的项目，这使得客户端只能读取可供本地计算机读取的环境变量与系统资源，而此选项可改用用户的登录身份来处理**首选项设置**的项目，如此就可以读取本地计算机无权读取的资源或用户环境变量，例如此处若要利用网络驱动器Z:来连接网络共享文件夹\\dc1\tools，就需要勾选此选项。

图4-3-4

- **当不再应用项目时删除此项目**：当GPO被删除后，客户端计算机内与该GPO内**策略设置**有关的设置都会被删除，然而与**首选项设置**有关的设置仍然会被保留，例如此处的网络驱动器Z: 仍然会被保留。如果勾选此选项，则与此**首选项设置**有关的设置会被删除。
- **应用一次且不重新应用**：客户端计算机默认每隔90分钟重新应用GPO内的**首选项设置**，因此如果用户自行更改设置，则重新应用后又会恢复为**首选项设置**内的设置值，如果用户希望能够保留自行更改的设置值，则勾选此选项，此时它只会应用一次。
- **项目级别目标**：可针对每一个**首选项设置**项目来决定此项目的应用目标，例如可以选择将它只应用到特定用户或特定Windows系统。本演练只是要将设置应用到组织单位**业务部**内的单一用户Peter，故需勾选此选项。

STEP **8** 单击图4-3-4中**常用**选项卡下的 目标 按钮，以便将此项目的应用对象指定到用户Peter，换句话说，此项目的**目标**为用户Peter。

STEP **9** 在图4-3-5所示的界面中【单击左上角的**新建项目**◔选择**用户**◔在**用户**处浏览或选择将此项目应用到域SAYMS的用户Peter，然后单击 确定 按钮】。

图4-3-5

STEP **10** 回到**新建磁盘驱动器属性**界面时单击 确定 按钮。

STEP **11** 图4-3-6的右侧为刚才创建的、利用Z: 磁盘来连接\\dc1\Tools共享文件夹的设置，这样的一个设置被称为一个**项目**（item）。

STEP **12** 到任何一台域成员计算机上利用组织单位**业务部**内的用户账户Peter登录，打开**文件资源管理器**，之后将如图4-3-7所示看到其Z: 磁盘已经自动连接到我们指定的共享文件夹。但是如果利用组织单位**业务部**内的其他用户账户登录，就不会有Z:磁盘。

图 4-3-6

图 4-3-7

4.3.2 "首选项设置"实例演练二

以下假设要让组织单位**业务部**内的所有用户都必须通过企业内部的代理服务器（proxy server）上网。假设代理服务器的网址为proxy.sayms.local，端口号码为8080，客户端的浏览器为Microsoft Edge（也适用于Chrome等浏览器）。我们利用前面所创建的**测试用的GPO**来练习。

STEP **1** 到域控制器DC1上利用域系统管理员身份登录。

STEP **2** 打开**服务器管理器**➲单击右上角的**工具**➲**组策略管理**。

STEP **3** 如图4-3-8所示，选中组织单位**业务部**之下的**测试用的GPO**并右击➲**编辑**。

图 4-3-8

STEP **4** 如图4-3-9所示展开【**用户配置⇨首选项设置⇨控制面板设置**】，然后【**选中
Internet设置并右击⇨新建⇨Internet Explorer 10**】（也适用于Internet Explorer 11、
Microsoft Edge与Chrome）。

图4-3-9

STEP **5** 如图4-3-10所示单击**连接**选项卡下的局域网设置按钮。

STEP **6** 如图4-3-11所示【**勾选为LAN使用代理服务器**后输入代理服务器地址与端口（假设
分别是proxy.sayms.local、8080）⇨按 F5 键⇨单击两次确定按钮来结束设置】。

图4-3-10　　　　　　　　　　　　　　　　　图 4-3-11

需要按 F5 键来启用此选项卡下的所有设置（设置项目下代表禁用的红色底线会转变成绿
色）；按 F8 键可禁用此选项卡下的所有设置；如果要启用目前所在的项目，请按 F6 键，
禁用请按 F7 键。

STEP **7**　利用**业务部**内任何一个用户账户到任何一台域成员计算机上登录。

STEP **8**　Windows 11系统可以通过【单击左下角的**开始**图标 ■■ ➲单击**设置**图标 ◉ ➲**网络和 Internet**（可能需先单击左上方的三条线图标 ☰）➲单击右侧的**代理**➲单击**手动设置 代理**处的 设置 按钮】来查看代理IP地址和端口，如图4-3-12所示（而且无法更改这些设置，这是之前练习的策略设置的结果）。

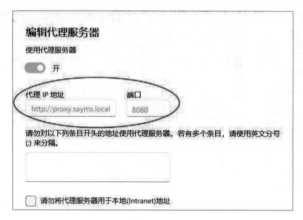

图4-3-12

> 也可以通过【单击下方的**文件资源管理器**图标 ▬ ➲选中左下方的**网络**并右击➲**属性**➲单击左下角的**Internet选项**➲单击**连接**选项卡下的 局域网设置 按钮】来查看。

4.4　组策略的处理规则

域成员计算机在处理（应用）组策略时有一定的程序与规则，系统管理员必须了解它们，才能够通过组策略来充分地掌控用户与计算机的环境。

4.4.1　一般的继承与处理规则

组策略设置是有继承性的，也有一定的处理规则：

- 如果高层父容器设置了某个策略，但是其下低层子容器并未设置此策略，则低层子容器会继承高层父容器的这个策略设置值。

  以图4-4-1来说，位于高层的域sayms.local的GPO内，如果其**禁止访问[控制面板]和计算机配置**策略被设置为**已启用**，但位于低层的组织单位**业务部**的这个策略被设置为**尚未设置**，则**业务部**会继承sayms.local的设置值，也就是**业务部**的**禁止访问[控制面板]和计算机配置**策略是**已启用**的。

  如果组织单位**业务部**之下还有其他子容器，且它们的这些策略也被设置为**尚未设置**，则它们也会继承这个设置值。

图 4-4-1

- 如果在低层子容器内设置了某个策略，则此设置值默认会覆盖由其高层父容器所继承下来的设置值。

  以图4-4-1来说，位于高层的域sayms.local的GPO内，如果其**禁止访问[控制面板]和计算机配置**策略被设置为**已启用**，但是位于低层的组织单位**业务部**的这个策略被设置为**已禁用**，则**业务部**会覆盖sayms.local的设置值，也就是对组织单位**业务部**来说，其**禁止访问[控制面板]和计算机配置**策略是**已禁用**的。

- 组策略设置是有累加性的，例如如果在组织单位**业务部**内创建了GPO，同时在站点、域内也都有GPO，则站点、域与组织单位内的所有GPO设置值都会被累加起来作为组织单位**业务部**的最后有效设置值。

  但如果站点、域与组织单位**业务部**之间的GPO设置有冲突，则优先级为：**组织单位的GPO**最优先，**域的GPO**次之，**站点的GPO**优先级最低。

- 如果组策略内的**计算机配置**与用户配置有冲突，则以**计算机配置**优先。

- 如果将多个GPO链接到同一处，则所有这些GPO的设置会被累加起来作为最后的有效设置值，但如果这些GPO的设置相互冲突，则以**链接顺序**在前面的GPO设置为优先，例如图4-4-2中的**测试用的GPO**的设置优先于**防病毒软件策略**。

图 4-4-2

本地计算机策略的优先级最低，也就是说如果**本地计算机策略**内的设置与站点、域或组织单位的设置相冲突，则以站点、域或组织单位的设置优先。

4.4.2 例外的继承设置

除了一般的继承与处理规则外，还可以设置以下的例外规则。

1. 阻止继承策略

可以设置让子容器不要继承父容器的设置，例如并不让组织单位**业务部**继承域sayms.local的策略设置，【如图4-4-3所示选中**业务部**并右击 **阻止继承**】，此时组织单位**业务部**将直接以自己的GPO设置作为设置值，如果其GPO内的设置为**尚未设置**，则采用默认值。

图 4-4-3

2. 强制继承策略

反过来说，可以通过父容器来强制其子容器必须继承父容器的GPO设置，而不论子容器是否选用了**阻止继承**。例如，如果我们在图4-4-4中的域sayms.local之下创建了一个GPO（**防病毒软件策略**），以便通过它来设置域内所有计算机的安全措施：通过【选中此策略并右击 **强制**】来强制其下的所有组织单位都必须继承此策略。

图 4-4-4

3. 筛选组策略设置

以组织单位**业务部**为例，当针对此组织单位创建GPO后，此GPO的设置会被应用到这个组织单位内的所有用户与计算机，如图4-4-5所示默认是被应用到Authenticated Users组（身份经过确认的所有用户）。

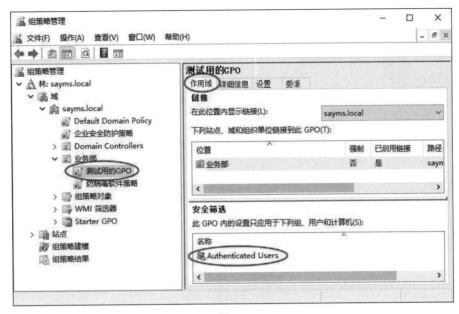

图 4-4-5

不过也可以让此GPO不要应用到特定的用户或计算机，例如此GPO对所有业务部员工的工作环境做了某些限制，但是却不想将此限制应用于业务部经理。位于组织单位内的用户与计算机默认对该组织单位的GPO具备**读取**与**应用组策略**权限，可以【如图4-4-6所示单击GPO（例如**测试用的GPO**）⟳单击**委派**选项卡⟳单击 高级 按钮⟳选择**Authenticated Users**】来查看。

图 4-4-6

如果不想将此GPO的设置应用到组织单位**业务部**内的用户Peter：【单击图4-4-6中的 添加 按钮⟳选择用户Peter⟳如图4-4-7所示将Peter的**应用组策略**权限设置为**拒绝**即可】。

图 4-4-7

4.4.3 特殊的处理设置

特殊的处理设置包含强制处理GPO、慢速链接的GPO处理、环回处理模式与禁用GPO等。

1. 强制处理GPO

客户端计算机在处理组策略的设置时，只会处理上次处理过后的最新变更策略，这种做法虽然可以提高策略的处理效率，但有时候却无法达到所期望的目标，例如在GPO内对用户做了某项限制，在用户因这个策略而受到限制之后，如果用户自行将此限制删除，则当下一次用户计算机在应用策略时，会因为GPO内的策略设置值并没有改动而不处理此策略，因而无法自动将用户自行更改的设置改回来。

解决方法是强制客户端一定要处理指定的策略，不论该策略设置值是否有更改。可以针对不同策略来单独设置。举例来说，假设要强制组织单位**业务部**内所有计算机必须处理（应用）**软件安装策略**：在**测试用的GPO**的设置中选用【**计算机配置⊃策略⊃管理模板⊃系统⊃**如图4-4-8所示双击**组策略**右侧的**配置软件安装策略处理⊃**选择已启用⊃勾选**即使尚未更改组策略对象也进行处理⊃**单击 确定 按钮】。

只要策略名称最后两个字是**处理**（processing）的策略设置都可以做类似的更改。

如果要手动让计算机来强制处理（应用）所有的计算机策略或用户策略设置，可以分别执行gpupdate/target:computer/force命令或gpupdate/target:user/force命令；而gpupdate/force命令可同时强制处理计算机与用户配置。

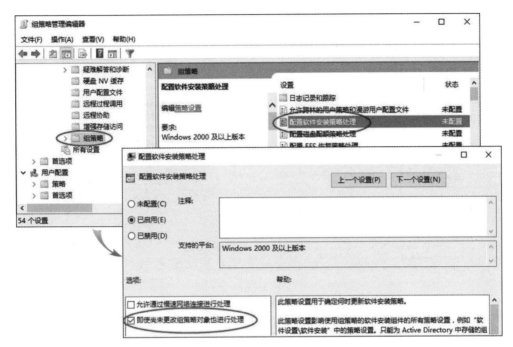

图 4-4-8

2. 慢速链接的GPO处理

可以让域成员计算机自动检测它与域控制器之间的连接速度是否太慢，如果是，就不要应用域控制器内指定的组策略设置。除了图4-4-9中的**配置注册表测策略处理**与**配置安全策略处理**这两个策略之外（无论是否慢速链接都会应用这两个策略），其他策略都可以设置为慢速链接不应用。

图 4-4-9

假设要求组织单位**业务部**内的每一台计算机都要自动检测是否为慢速链接：请在**测试用的GPO**的**计算机配置**界面中，如图4-4-10所示【双击**组策略**右侧的**配置组策略慢速链接检测**➲选择已启用➲在**连接速度**处输入慢速链接的定义值➲单击 确定 按钮】，图中我们设置只要连接速度低于500 Kbps，就视为慢速链接。如果禁用或未设置此策略，则默认也是将低于500 Kbps视为慢速链接。

图4-4-10

接下来假设组织单位**业务部**内的每一台计算机与域控制器之间即使是慢速链接，也需要应用**软件安装策略处理**策略，其设置方法与图4-4-8相同，不过此时需在前景图中勾选**允许通过慢速网络连接进行处理**。

3. 环回处理模式

一般来说，系统会根据用户或计算机账户在AD DS内的位置来决定如何将GPO设置值应用到用户或计算机。例如如果服务器SERVER1的计算机账户位于组织单位**服务器**内，此组织单位有一个名称为**服务器GPO**的GPO，而用户Jackie的用户账户位于组织单位**业务部**内，此组织单位有一个名称为**测试用的GPO**的GPO，则当用户Jackie在SERVER1上登录域时，在正常的情况下，他的用户环境由**测试用的GPO**的**用户配置**来决定，不过他的计算机环境由**服务器GPO**的**计算机配置**来决定。

然而如果在**测试用的GPO**的**用户配置**内，设置当组织单位**业务部**内的用户登录时就自动为他们安装某应用程序，则这些用户到任何一台域成员计算机上（包含SERVER1） 登录时，系统就会为他们在这些计算机内安装此应用程序，但是却不想让他们在这台重要的服务器SERVER1内安装应用程序，此时应该如何解决这个问题呢？可启用**环回处理模式**（loopback processing mode）。

如果在**服务器GPO**启用了**环回处理模式**，则不论用户账户位于何处，只要用户是利用组织单位**服务器**内的计算机（包含服务器SERVER1）登录，用户的工作环境就可改由**服务器GPO**的用户配置来决定，如此Jackie到服务器SERVER1登录时，系统就不会替他安装应用程序。**环回处理模式**分为两种模式：

- **替换模式**：直接改由**服务器GPO**的用户配置来决定用户的环境，而忽略**测试用的GPO**的用户配置。
- **合并模式**：先处理**测试用的GPO**的用户配置，再处理**服务器GPO**的用户配置，如果两者有冲突，则以**服务器GPO**的用户配置优先。

假设我们要在服务器GPO内启用环回处理模式：在服务器GPO的计算机配置界面中【如图4-4-11所示双击组策略右侧的**配置用户组策略环回处理模式**➲选择已启用➲在**模式**处选择**替换**或**合并**】。

图4-4-11

4. 禁用GPO

如果有需要，可以将整个GPO禁用，或单独将GPO的**计算机配置**或**用户配置**禁用。以**测试用的GPO**为例：

- 如果要将整个GPO禁用，可如图4-4-12所示选中**测试用的GPO**并右击，然后取消勾选**已启用链接**。

图4-4-12

- 如果要将GPO的**计算机配置**或**用户配置**单独禁用：先进入**测试用的GPO**的编辑界面➲如图4-4-13所示单击**测试用的GPO**➲单击上方的**属性**图标➲勾选**禁用计算机配置设置**或**禁用用户配置设置**。

图4-4-13

4.4.4 更改管理GPO的域控制器

当新建、修改或删除组策略设置时，这些更改默认是先被存储到扮演**PDC模拟器操作主机**角色的域控制器，然后再由它将这些更改复制到其他域控制器，接着域成员计算机再通过域控制器来应用这些策略。

但如果系统管理员人在上海，可是**PDC模拟器操作主机**却在北京，此时上海的系统管理员希望针对上海员工所设置的组策略能够直接存储到位于上海的域控制器，以便上海的用户与计算机能够通过这台域控制器来快速应用这些策略。

可以通过**DC选项**与策略设置两种方式来将管理GPO的域控制器从**PDC模拟器操作主机**更改为其他域控制器：

- **利用DC选项**：假设供上海分公司使用的GPO为**上海分公司专用GPO**，则进入编辑此GPO的界面（**组策略管理编辑器界面**），然后【如图4-4-14所示单击**上海分公司专用GPO**❏选择**查看菜单**❏DC选项❏在前景图中选择要用来管理组策略的域控制器】。图中域控制器的选项有以下三种：

  - **拥有PDC模拟器操作主机令牌的域控制器**：也就是使用PDC模拟器操作主机，这是默认值，也是建议值。
  - **Active Directory管理单元使用的域控制器**：当系统管理员执行组策略管理编辑器时，此组策略管理编辑器所连接的域控制器就是我们要选用的域控制器。
  - **使用任何可用的域控制器**：此选项让组策略管理编辑器可以任意挑选一台域控制器。

- **利用策略设置**：假设要针对上海系统管理员来设置，我们需要针对其用户账户所在的组织单位来设置：如图4-4-15所示进入编辑此组织单位的GPO界面（**组策略管理编辑器界面**）后，双击右侧的**配置组策略域控制器选择**，然后如图所示来选择域控制器，其中主域控制器就是**PDC模拟器操作主机**。

图 4-4-14

图 4-4-15

4.4.5 更改组策略的应用间隔时间

我们在4.1.3节已经介绍过域成员计算机与域控制器何时会应用组策略的设置，这些设置值是可以更改的，但建议不要将更新组策略的间隔时间设得太短，以免增加网络负担。

1. 更改"计算机配置"的应用间隔时间

例如要更改组织单位**业务部**内所有计算机应用**计算机配置**的间隔时间：可在**测试用的GPO**的**计算机配置**界面中设置，如图4-4-16所示【双击**组策略**右侧的**设置计算机的组策略刷新间隔**⏵选择已启用⏵通过前景图来设置⏵单击 确定 按钮】，图中设置为每隔90分钟加上0～30分钟的随机值，也就是每隔90～120分钟应用一次。如果禁用或未设置此策略，则默认就是每隔90～120分钟应用一次。如果应用间隔设置为0分钟，则会每隔7秒钟应用一次。

图 4-4-16

如果要更改域控制器的应用**计算机配置**的间隔时间，可针对组织单位Domain Controllers
内的GPO来设置（例如Default Domain Controllers），其策略名称是**设置域控制器组策略刷新
间隔**（参见图4-4-16中背景图）。在双击此策略后，由图4-4-17可知其默认是每隔5分钟应用
组策略一次。如果禁用或未设置此策略，则默认就是每隔5分钟应用一次。如果将应用间隔时
间设置为0分钟，则会每隔7秒钟应用一次。

图 4-4-17

2. 更改"用户配置"的应用间隔时间

例如要更改组织单位**业务部**内所有用户应用**用户配置**的间隔时间，可在**测试用的GPO**的**用户配置**界面中设置，通过图4-4-18中**组策略**右侧的**设置用户的组策略刷新间隔**来设置，其默认也是每隔90分钟加上0～30分钟的随机值，也就是每隔90～120分钟应用一次。如果禁用或未设置此策略，则默认就是每隔90～120分钟应用一次。如果将间隔时间设置为0分钟，则会每隔7秒钟应用一次。

图4-4-18

4.5　利用组策略来管理计算机与用户环境

我们将通过以下几个设置来说明如何管理计算机与用户的工作环境：计算机配置的**管理模板策略**、用户配置的**管理模板策略**、账户策略、用户权限分配策略、安全选项策略、登录/注销/启动/关机脚本与文件夹重定向等。

4.5.1　计算机配置的管理模板策略

计算机配置的**管理模板**策略是在【计算机配置⇨策略⇨管理模板】内，此处仅以显示关闭事件追踪器设置为例来进行说明（如果要利用Win11PC1与**测试用的GPO**来练习，可将计算机账户Win11PC1移动到**业务部**组织单位）。

其设置方法为【**系统**⇨双击右侧的**显示关闭事件追踪器**】。默认会将**关闭事件追踪器**显示在服务器计算机上（例如Windows Server 2022，见图4-5-1），而工作站计算机（例如Windows 11）不会显示。可以针对服务器、工作站或两者来设置。如果禁用此策略，则用户将计算机关机时，系统就不会再要求用户提供关机的理由。

图4-5-1

4.5.2 用户配置的管理模板策略

我们在4.2.2节中已经练习过**管理模板**策略，此处仅说明几个常用设置，它们是在【用户配置➲策略➲管理模板】内（如果要练习，可使用**业务部**的**测试用的GPO**）：

- **限制用户只能或不能执行指定的Windows应用程序**：其设置方法为【系统➲双击右侧的只运行指定的Windows应用程序或不运行指定的Windows应用程序】。在添加程序时，请输入该应用程序的执行文件名称，例如eMule.exe。

> **Q** 如果用户利用**文件资源管理器**更改此程序的文件名，那么这个策略是否就无法发挥作用？
>
> **A** 是的，不过可以利用第6章的**软件限制策略**来达到限制用户执行此程序的目的，即使其文件名被重命名。

- **桌面背景**：指定用户登录后的桌面背景，而且用户无法更改。其设置方法为：【桌面➲桌面】，支持.bmp与.jpg格式的图片，请确认用户计算机的指定路径内有该图片文件，或是将图片文件放到网络上一台计算机的共享文件夹内。
- **禁用按 Ctrl + Alt + Delete 组合键后所出现界面中的选项**：用户按这3个键后，将无法使用界面中被禁用的按钮，例如 更改密码 按钮、 任务管理器 按钮、 注销 按钮等。其设置方法为：【系统➲Ctrl+Alt+Delete选项】。
- **隐藏并禁用桌面上所有的项目**：其设置方法为【桌面➲隐藏并禁用桌面上的所有项目】。用户登录后传统桌面上的所有项目都会被隐藏，选中桌面并右击也无作用。
- **删除"Internet选项"中的部分选项卡**：用户【单击下方的文件资源管理器图标■➲选中左下方的网络并右击➲属性➲单击左下角的Internet选项】（或【单击左下角的开始图标■➲单击设置图标◉➲网络和Internet➲以太网➲网络和共享中心➲Internet选项】），无法使用被删除的选项卡，例如**安全、连接、高级**等选项卡。其设置方法为【Windows组件➲Internet Explorer➲双击右侧的Internet控制面板】。
- **删除开始功能中的关机、重启、睡眠及休眠命令**：其设置方法为【单击"开始"菜单和任务栏➲双击右侧删除并禁止访问"关机""重新启动""睡眠"及"休眠"命令】。用户的**开始**菜单中，这些功能的图标会被删除或无法使用，按 Ctrl + Alt + Delete 组合键后也无法使用它们。

4.5.3 账户策略

我们可以通过账户策略来设置密码的使用标准与账户锁定方式。针对域用户所设置的账户策略需通过**域级别的GPO**来设置才有效，例如通过域的Default Domain Policy来设置，此策略会被应用到域内所有用户。通过站点或组织单位的GPO所设置的账户策略，对域用户没有作用。

此账户策略不但会被应用到所有的域用户账户，也会被应用到所有域成员计算机内的本地用户账户。

要设置域账户策略：【选中Default Domain Policy并右击➲编辑➲如图4-5-2所示展开**计算机配置➲策略➲Windows设置➲安全设置➲账户策略**】。

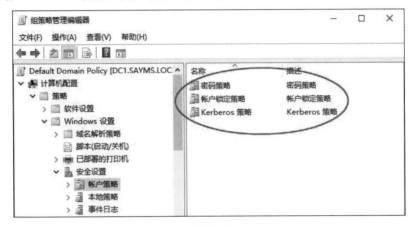

图 4-5-2

1. 密码策略

如图4-5-3所示单击**密码策略**后就可以设置以下策略：

图 4-5-3

- **用可还原的加密来储存密码**：如果有应用程序需要读取用户的密码来验证用户身份，就可以启用此功能，不过它相当于用户密码没有加密，因此不安全。默认为禁用。

- **密码长度最小值**：如果未定义或禁用此策略，则**最小密码长度**策略处的设置最大为7个字符；如果启用此策略，则**最小密码长度**策略处的设置可以超过14个字符（最多128个字符）。

- **密码必须符合复杂性要求**：表示用户的密码需要满足以下要求（这是默认值）：

    - 不能包含用户账户名称或全名。

    - 长度至少要7个字符。

◆ 至少要包含A～Z、a～z、0～9、非字母数字（例如!、$、#、%）等4组字符中的3组。

因此123ABCdef是有效的密码，而87654321是无效的，因为它只使用数字这一组字符。又例如若用户账户名称为mary，则123ABCmary是无效密码，因为它内含用户账户名称。AD DS域与独立服务器默认启用此策略。

- **密码最长使用期限**：用来设置密码最长的使用期限（可为0～999天）。用户在登录时，如果密码使用期限已到，系统会要求用户更改密码。如果此处为0，则表示密码没有使用期限。AD DS域与独立服务器的默认值都是42天。

- **密码最短使用期限**：用来设置用户密码的最短使用期限（可为0～998天），在期限未到前，用户不得更改密码。如果此处为0，则表示用户可以随时更改密码。AD DS域的默认值为1，独立服务器的默认值为0。

- **强制密码历史**：用来设置是否要记录用户曾经使用过的旧密码，以便检查用户在更改密码时，是否重复使用旧密码。此处可被设置为：

  ◆ 1～24：表示要保存密码历史记录。例如如果设置为5，则用户的新密码不可与前5次所使用过的旧密码相同。

  ◆ 0：表示不保存密码历史记录，因此密码可以重复使用，也就是用户更改密码时，可以设置为以前曾经使用过的任何一个旧密码。

  AD DS域的默认值为24，独立服务器的默认值为0。

- **放宽最小密码长度限制**：用来设置用户账户的密码最少需几个字符。此处可为0～14，如果为0，则表示用户账户可以没有密码。AD DS域的默认值为7，独立服务器的默认值为0。

- **最小密码长度审核**：当用户更改密码时，如果密码小于此处的设置值，系统便会记录此事件，而系统管理员可以通过以下方法来查看此记录：【单击左下角的**开始**图标⊞⊃Windows 管理工具⊃事件查看器⊃Windows日志⊃系统⊃查找**来源**是Directory-Services-SAM、**事件ID**为16978的日志，如图4-5-4所示】。此处的设置值需大于**最小密码长度**的设置值，系统才会审核并记录事件。

图4-5-4

2. 账户锁定策略

可以通过图4-5-5中的**账户锁定策略**（account lockout policy）来设置锁定用户账户的方式。

图 4-5-5

- **账户锁定阈值**：它可以在用户多次登录失败后，就将该用户账户锁定。在未被解除锁定之前，无法再利用此账户来登录（见图4-5-6）。此处用来设置登录失败次数，其值可为0～999。默认值为0，表示账户永远不会被锁定。

图 4-5-6

- **账户锁定时间**：用来设置锁定账户的期限，期限过后会自动解除锁定。此处可为0～99999分钟，如果为0分钟，则表示永久锁定，不会自动解除锁定，此时需由系统管理员手动来解除锁定，也就是如图4-5-7所示单击用户账户属性的**账户**处的**解锁账户**（账户被锁定后才会有此选项）。
- **重置账户锁定计数器**："锁定计数器"用来记录用户登录失败的次数。如果用户前一次登录失败后，已经经过了此处所设置的时间，则"锁定计数器"值便会自动归0。

图 4-5-7

4.5.4 更详细的密码策略

在Windows Server 2008以前的系统内，域中的所有用户只能应用一个密码策略与账户锁定策略，这些策略通过Default Domain Policy来设置。现在可以利用更详细的密码策略，设置不同的密码与账户锁定策略。

STEP**1** 打开**服务器管理器**⊃单击右上角的**工具**⊃Active Directory管理中心⊃如图4-5-8所示单击**树视图**图标⊃单击域（例如sayms）⊃展开容器**System**⊃选中**Password Settings Container**并右击⊃**新建**⊃**密码设置**。

图 4-5-8

STEP**2** 如图4-5-9所示设置密码与账户锁定策略，然后利用右下方的添加按钮来选择要将策略应用到哪一些用户与组，例如图中选择要应用到用户**王乔治**，完成后单击确定按钮。

图 4-5-9

图4-5-9中的**优先**：如果有多个策略同时应用到用户或组，则以优先级数字较小的策略优先。如果多个策略的**优先**数字相同，则以策略的GUID数字较小的优先。之后如果要删除策略，需先取消勾选图中的**防止意外删除**。

STEP **3** 可以通过用户账户（例如图4-5-10的**王乔治**）右侧的**查看Resultant密码设置**来查看该用户的密码与账户锁定策略（单击后会显示与图4-5-9相同的界面，也可以直接在此处来修改策略设置）。

图 4-5-10

4.5.5 用户权限分配策略

可以通过图4-5-11中的**用户权限分配**来将执行特殊工作的权限分配给用户或组（此图是以Default Domain Controller Policy为例）。

如果要分配图4-5-11右侧的任何一个权限给用户：【双击该权限❑单击 添加用户或组 按钮❑选择用户或组】。以下列举几个比较常用的权限策略来说明：

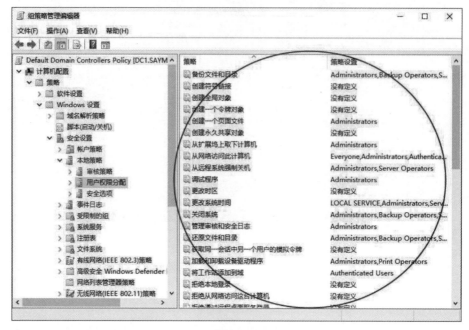

图4-5-11

- **允许本地登录**：允许用户在本台计算机前使用按 Ctrl + Alt + Delete 组合键的方式登录。
- **拒绝本地登录**：与前一个权限刚好相反。此权限优先于前一个权限。
- **将工作站添加到域**：允许用户将计算机加入域。

> 每一位域用户默认有10次将计算机加入域的机会，不过一旦拥有**将工作站添加至域**的权限，则其次数就没有限制。

- **关闭系统**：允许用户将此计算机关机。
- **从网络访问此计算机**：允许用户通过网络上的其他计算机来连接、访问此计算机。
- **拒绝从网络访问这台计算机**：与前一个权限相反。此权限优先于前一个权限。
- **从远程系统强制关机**：允许用户从远程计算机来将此台计算机关机。
- **备份文件和目录**：允许用户备份硬盘内的文件与文件夹。
- **还原文件和目录**：允许用户还原已备份的文件与文件夹。
- **管理审核和安全日志**：允许用户指定要审核的事件，也允许用户查询与清除安全日志。
- **更改系统时间**：允许用户更改计算机的系统日期与时间。
- **加载和卸载设备驱动程序**：允许用户加载与卸除设备的驱动程序。
- **取得文件或其他对象的所有权**：允许夺取其他用户所拥有的文件、文件夹或其他对象的所有权。

4.5.6 安全选项策略

可以通过如图4-5-12所示的**安全选项**方法来启用计算机的一些安全设置。此图是以
Default Domain Controller Policy为例，并列举以下几个安全选项策略：

图 4-5-12

- **交互式登录：无须按 Ctrl+Alt+Delete 组合键**。让登录界面不要显示类似**按
  Ctrl+Alt+Delete组合键显示的登录**信息（这是Windows 11等客户端的默认值。交互
  式登录就是在计算机前登录，而不是通过网络登录）。
- **交互式登录：在密码到期前提示用户更改密码**。在用户的密码到期的前几天，提示
  用户要更改密码。
- **交互式登录：之前登录到缓存的次数（域控制器不可用时）**。域用户登录成功后，
  其账户信息会被缓存到用户计算机的缓存区，如果之后此计算机因故无法与域控制
  器连接，该域用户登录时还是可以通过缓存区内的账户数据来验证身份与登录。可以
  通过此策略来设置缓冲区内账户数据的数量，默认为记录10个登录用户的账户数据。
- **交互式登录：试图登录的用户的消息标题、试图登录的用户的消息文本**。如果希望
  在登录前能够看到指定消息（见图4-5-13），则可通过这两个选项来设置，其中一个
  用来设置消息标题文字（例如图中的"~您好~"），一个用来设置消息本文（例如
  图中的"欢迎来到Windows 的世界"）。

图 4-5-13

- **关机：允许系统在未登录的情况下关闭**。在登录界面的右下角显示关机图标（见图4-5-14中的箭头），以便在不需要登录的情况下就可以通过直接单击此图标来将计算机关机。服务器级别的计算机默认是禁用，客户端计算机默认是启用。

图 4-5-14

4.5.7 登录/注销、启动/关机脚本

可以让域用户登录时，其系统自动执行**登录脚本**（script），而当用户注销时，自动执行**注销脚本**；另外也可以让计算机在开机时自动执行**启动脚本**，而关机时自动执行**关机脚本**。

1．登录脚本的设置

以下利用文件名为**logon.bat**的批处理文件来练习登录脚本。请利用**记事本**来创建此文件，其内只有一行如下所示的命令，它会在C:\之下新建文件夹TestDir：

```
mkdir c:\TestDir
```

利用**记事本**来创建此文件，在存储文件时，请在文件名 logon.bat 的前后加上双引号（""），否则文件名会是错误的logon.bat.txt。

以下我们利用组织单位**业务部**的**测试用的GPO**来进行说明。

STEP 1 打开**服务器管理器**⮞单击右上角的**工具**⮞组策略管理⮞展开到组织单位**业务部**⮞选中**测试用的GPO**并右击⮞编辑。

STEP 2 如图4-5-15所示【展开**用户配置**⮞策略⮞Windows设置⮞脚本（登录/注销）⮞双击右侧的**登录**】，接着在图4-5-16所示的界面中单击 显示文件 按钮。

图 4-5-15

STEP **3** 出现如图4-5-17所示的界面时，将登录脚本文件logon.bat复制到界面中的文件夹内，此文件夹位于域控制器的SYSVOL文件夹内，其完整路径为（其中 **%systemroot%** 一般是指 C:\Windows ， *GUID* 是 **测 试 用 的 GPO** 的 GUID）：

图 4-5-16

%systemroot%\SYSVOL\sysvol*域名*\Policies \{GUID}\User\Scripts\Logon

STEP **4** 关闭如图4-5-17所示的窗口，回到如图4-5-16所示的界面，单击 添加 按钮。

STEP **5** 在图4-5-18所示的界面中通过 浏览 按钮来从图4-5-17所示的文件夹内选择登录脚本文件 **logon.bat**。完成后单击 确定 按钮。

图 4-5-17

STEP **6** 到图4-5-19的界面时单击 确定 按钮。

图 4-5-18

图 4-5-19

STEP **7** 完成设置后，组织单位**业务部**内的所有用户登录时，系统就会自动执行登录脚本 **logon.bat**，它会在C:\之下创建文件夹TestDir。请读者自行利用**文件资源管理器**来检查（见图4-5-20）。

2. 注销脚本的设置

以下利用文件名为**logoff.bat**的批处理文件来练习注销脚本。请利用**记事本**来创建此文件，其内只有一行如下所示的命令，它会将C:\TestDir文件夹删除：

```
rmdir   c:\TestDir
```

图 4-5-20

以下利用组织单位**业务部**的**测试用的GPO**来进行说明。

STEP 1 先删除前一个登录脚本的设置，也就是单击图4-5-19中的logon.bat后再单击 删除 按钮，以免干扰验证本实验的结果。

STEP 2 以下演练的步骤与前一个登录脚本的设置类似，不再重复说明，不过在图4-5-15中改选**注销**，文件名改为**logoff.bat**。

STEP 3 在客户端计算机【按🪟+R组合键➾执行gpupdate】以便立即应用上述策略上设置，或在客户端计算机上利用先注销再重新登录的方式来应用上述策略设置。

STEP 4 再注销，这时候就会执行注销脚本**logoff.bat**来删除C:\TestDir，再次登录后利用**文件资源管理器**来确认C:\TestDir已被删除（请先确认logon.bat已经被删除，否则它又会创建此文件夹）。

3. 启动/关机脚本的设置

我们可以利用图4-5-21中组织单位**业务部**的**测试用的GPO**来进行说明，而且以图中计算机名称为Win11PC1的计算机来练习启动/关机脚本。如果要练习的计算机不是位于组织单位**业务部**内，而是位于容器Computers内，则请通过域级别的GPO来练习（例如Default Domain Policy），或将计算机账户移动到组织单位**业务部**。

图 4-5-21

由于**启动/关机脚本**的设置步骤与**登录/注销脚本**的设置类似，故此处不再重复，不过在图4-5-22中改为**计算机配置**。可以直接利用前面的**登录/注销脚本**的示例文件来练习。

图 4-5-22

4.5.8 文件夹重定向

可以利用组策略来将用户的某些文件夹的存储位置重定向到网络共享文件夹内，这些文件夹包含**文档、图片、音乐**等，如图4-5-23所示。

图 4-5-23

这些文件夹平常存储在本地用户配置文件内，也就是***%SystemDrive%*\用户*用户名称***（或***%SystemDrive%\Users\用户名称***）文件夹内。例如图4-5-23显示的是用户mary的本地用户配置文件的文件夹，如果用户换到另外一台计算机登录，就无法访问到这些文件夹，而如果我们能够将其存储位置改为（重定向到）网络共享文件夹，则用户到任何一台域成员计算机上登录时，都可通过此共享文件夹来访问这些文件夹内的文件。

1. 将"文档"文件夹重定向

我们利用将组织单位**业务部**内所有用户（包含mary）的**文档**文件夹重定向，来说明如何将文件夹重定向到另外一台计算机上的共享文件夹。

STEP 1 到任何一台域成员计算机上创建一个文件夹，例如我们在服务器DC1上创建文件夹 C:\DocStore，要将组织单位**业务部**内所有用户的**文档**文件夹重定向到此目录内。

STEP 2 将此文件夹设置为**共享文件夹**，将**读取/写入**权限赋予Everyone（可使用【选中文件夹并右击➲授予访问权限➲特定用户】的方法）。

STEP 3 到域控制器上【打开服务器管理器➲单击右上角的工具➲组策略管理➲展开到组织单位业务部➲选中测试用的GPO并右击➲编辑】。

STEP 4 如图4-5-24所示【展开用户配置➲策略➲Windows设置➲文件夹重定向➲选中文档并右击➲属性】。

STEP 5 参照图4-5-25来设置，完成后单击 确定 按钮。图中的**根路径**指向我们所创建的共享文件夹\\dc1\DocStore，系统会在此文件夹之下自动为每一位登录的用户分别创建一个专属文件夹，例如账户名称为mary的用户登录后，系统会自动在\\dc1\DocStore之下创建一个名称为mary的文件夹。图中在**设置**处共有以下几种选择：

图 4-5-24

图 4-5-25

- **基本—将每个人的文件夹重定向到同一位置**：它会将组织单位业务部内所有用户的文件夹都进行重定向。
- **高级—为不同用户指定位置**：它会将组织单位业务部内隶属于特定组的用户文件重定向到不同位置。
- **尚未设置**：也就是不重定向。

另外图中的**目标文件夹位置**共有以下几种选择：

- **重定向到用户的主目录**：如果用户账户内有指定主目录，则此选择可将文件夹重定向到其主目录。
- **在根目录路径下为每一个用户创建一个文件夹**：如前所述，它让每一个用户各有一个专属的文件夹。
- **重定向到下列位置**：将所有用户的文件夹重定向到同一个文件夹。
- **重定向到本地用户配置文件的位置**：重定向回原来的位置。

STEP 6 出现如图4-5-26所示的界面是在提醒我们需另外设置，才能够将策略应用到旧版 Windows系统，请直接单击 是（Y）按钮以继续（后面再介绍如何设置）。

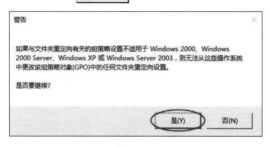

图4-5-26

STEP 7 请利用组织单位**业务部**内的任何一个用户账户到域成员计算机（以Windows 11为 例）登录，以用户mary为例，mary的**文档**将被重定向到\\dc1\DocStore\mary\ documents文件夹（也就是\\dc1\DocStore\mary**文档**文件夹）。mary可以在登录后通 过【打开**文件资源管理器**➲如图4-5-27所示选中**快速访问**或**此电脑**之下的**文档**并右 击➲属性】来得知其**文档**文件夹是位于重定向后的新位置\\dc1\DocStore\mary。

图4-5-27

可能需要用户登录两次，文件夹才会被成功地重定向：用户登录时，系统默认并不会等待 网络启动完成后再通过域控制器来验证用户，而是直接读取本地缓冲区的账户数据来验证 用户，以便让用户快速登录。之后网络启动完成，系统就会自动在后台应用策略。因为**文 件夹重定向**策略**与软件安装**策略在登录时才有作用，所以本实验可能需要登录两次才看得 到被重定向的结果。另外如果用户是第1次在此计算机登录，因缓冲区内没有该用户的账户 数据，故必须等网络启动完成才可以取得最新的组策略设置值，重定向才会成功。

通过组策略来更改客户端此默认值的方法为：**【计算机配置➲策略➲系统管理模板➲系统 ➲登录➲计算机启动和登录时总是等待网络】**。

由于用户的**文档**文件夹已经被重定向，因此用户原本位于本地用户配置文件文件夹内的**文档**文件夹将被删除，例如图4-5-28中所示为用户mary的本地用户配置文件文件夹的内容，其内已经看不到**文档**文件夹了。

图 4-5-28

可以到共享文件夹所在的服务器DC1上，来检查此共享文件夹之下是否已经自动创建用户mary专属的文件夹，如图4-5-29所示的C:\DocStore\mary\Documents文件夹就是mary的**文档**文件夹的新存储位置。

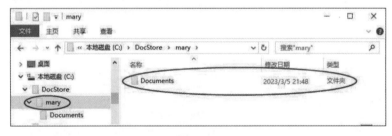

图 4-5-29

2. 文件夹重定向的好处

将用户的**文档**文件夹（或其他文件夹）重定向到网络共享文件夹后，便可以获得一系列管理优势，例如：

- 用户在网络上任何一台计算机登录域时，都可以访问到此文件夹。
- **文档**文件夹被重定向到网络服务器的共享文件夹后，其内的文件可通过信息部门的服务器定期备份工作，来让用户的文件多一份保障。
- **文档**文件夹被重定向到服务器的网络共享文件夹后，系统管理员可通过**磁盘配额**设置来限制用户的**文档**在服务器内可使用的磁盘空间。
- **文档**文件夹默认是与操作系统在同一个磁盘内，在将它重定向到其他磁盘后，即使操作系统磁盘被格式化、重新安装，也不会影响到**文档**内的文件。

3. 文件夹重定向的其他设置值

可通过图4-5-30中的**设置**选项卡来设置以下选项（以**文档**文件夹为例）：

图 4-5-30

- **授予用户对文档的独占权限**：只有用户自己与系统对重定向后的新文件夹具备有完全控制的权限，其他用户皆无任何权限，系统管理员也没有权限。如果未勾选此选项，则会继承其父文件夹的权限。
- **将文档的属性移到新位置**：它会将原文件夹内的文件移动到重定向后的新文件夹内。如果未勾选此选项，则文件夹虽然会被重定向，但是原文件夹内的文件仍然会被留在原地。
- **也将重定向策略应用到Windows 2000、Windows 200 Server、Windows XP和 Windows Server 2003操作系统**：重定向策略默认只会被应用到较新版的Windows系统，但勾选此选项后，便可应用到Windows 2000等旧版系统。
- **策略删除**：用来设置当组策略被删除后（例如GPO被删除或禁用），是否要将文件夹重定向回原来的位置，默认是不会，也就是仍然留在新文件夹。

4.6 利用组策略限制访问"可移动存储设备"

系统管理员可以利用组策略来限制用户访问**可移动存储设备**（removable storage device，例如U盘），以免企业内部员工轻易地通过这些存储设备将重要数据带离公司。

以组织单位来说，如果是针对**计算机配置**来设置这些策略，则任何域用户只要在这个组织单位内的计算机登录，就会受到限制；如果是针对**用户配置**来设置这些策略，则所有位于此组织单位内的用户到任何一台域成员计算机登录时，都会受到限制。

系统提供了如图4-6-1右侧所示的策略设置（图中以**用户配置**为例）：

图4-6-1

- **设置强制重新启动的时间（以秒为单位）**：有些策略设置必须重新启动计算机才会应用，而如果如图4-6-2所示启用本策略，则系统就会在指定的时间到达时自动重新启动计算机。

图4-6-2

- **CD和DVD——拒绝读取权限、拒绝写入权限**：拒绝用户读取或写入隶属于CD和DVD类别的设备（包含通过USB连接的设备）。
- **自定义类——拒绝读取权限、拒绝写入权限**：属于同一类型的设备会拥有相同的**设备类别**（device setup class），例如所有的光驱都是隶属于**CD ROM设备类别**，它们都采用相同的安装与设置方式。**设备类别**代码是采用32个字符的GUID格式（也就是xxxxxxxx-xxxx-xxxx-xxxx-xxxxxxxxxxxx），可以通过**设备类别**来拒绝用户访问或写入拥有此GUID的存储设备。

  可以通过**设备管理器**来查询设备的GIUD，以Windows Server内的光驱为例：【打开**服务器管理器**➪单击右上角的**工具**➪**计算机管理**➪**设备管理器**➪如图4-6-3所示展开右侧的**DVD/CD-ROM驱动器**➪双击驱动器设备➪单击前景图中的**详细信息选项卡**➪在**属性**列表中选择**类Guid**➪从值字段可得知其GUID】。

图4-6-3

接下来利用组策略来拒绝用户访问或写入拥有此GUID的设备，假设要拒绝用户写入此存储设备：【双击图4-6-1右侧的**自定义类：拒绝读取权限**⊃如图4-6-4所示选择**已启用**⊃单击 显示 按钮⊃输入此设备的GUID后单击 确定 按钮】，注意GUID前后需附加大括号（{}）。

图4-6-4

- **软盘驱动器——拒绝读取权限、拒绝写入权限**：拒绝用户读取或写入隶属于软盘驱动器类别的设备（包含通过USB连接的设备）。

- **可移动磁盘——拒绝读取权限、拒绝写入权限**：拒绝用户读取或写入隶属于可移动磁盘类别的设备，例如U盘或外接式USB硬盘。

- **所有可移动存储类——拒绝所有权限**：拒绝用户访问所有的可移动存储设备，此策略设置的优先权高于其他策略，因此如果启用此策略，则不论其他策略设置为何，都会拒绝用户访问与写入可移动存储设备。如果禁用或未设置此策略，则用户是否可以访问或写入可移动存储设备，需视其他策略的设置而定。

- **磁带驱动器——拒绝读取权限、拒绝写入权限**：拒绝用户访问或写入隶属于磁带驱动器类别的设备（包含通过USB连接的设备）。
- **WPD设备——拒绝读取权限、拒绝写入权限**：拒绝用户访问或写入隶属于WPD（Windows Portable Device）的设备，例如移动电话、媒体播放器、辅助显示器与CE等设备。

4.7 WMI筛选器

我们知道如果将GPO链接到组织单位后，该GPO的设置值默认会被应用到此组织单位内的所有用户与计算机，如果要改变这个默认值，可以有以下两种选择：

- 通过4.4.2节介绍的**筛选组策略设置**中的**委派**选项卡来选择要应用此GPO的用户或计算机。
- 通过本节介绍的**WMI筛选器**来设置。

举例来说，假设已经在组织单位**业务部**内创建**测试用的GPO**，并通过它来让此组织单位内的计算机自动安装指定的软件（后面章节会介绍），不过却只想让Windows 11与Windows 10计算机来安装此软件，其他操作系统的计算机并不需要安装，此时可以通过以下的**WMI筛选器**设置来达到目的。

STEP 1 如图4-7-1所示【选中**WMI筛选器**并右击➲新建】。

图4-7-1

STEP 2 在图4-7-2所示的界面中的**名称**与**描述**字段分别输入合适的文字说明，然后单击 添加 按钮。图中将名称设置为**Windows 11与Windows 10专用的筛选器**。

STEP 3 在图4-7-3所示的界面中的**命名空间**处选用默认的**root\CIMv2**，然后在**查询**处输入以下的查询命令后单击 确定 按钮：

```
Select * from Win32_OperatingSystem where Version like "10.0%" and
ProductType = "1"
```

图 4-7-2

STEP **4** 在图4-7-4所示的界面中单击 保存 按钮。

图 4-7-3   图 4-7-4

STEP **5** 在图4-7-5所示的界面中，在**测试用的GPO**右下方的**WMI筛选**处选择刚才创建的
Windows 11与Windows 10专用的筛选器。

图 4-7-5

组织单位**业务部**内所有的Windows 11/Windows 10客户端都会应用**测试用的GPO**策略进行设置，但是其他Windows系统并不会应用此策略。

可以到客户端计算机上通过执行**gpresult /r**命令来查看应用了哪一些GPO，图4-7-6背景图为在一台位于**业务部**内的Windows 11计算机上利用**gpresult /r**命令所看到的结果，从图中可看出已成功地应用**测试用的GPO**；而前景图为在一台Windows Server 2022计算机上利用**gpresult /r**命令所看到的结果，因它并非位于**业务部**内的Windows 11/Windows 10计算机，故不会应用此策略（被WMI筛选器拒绝）。

图4-7-6

图4-7-3中的**命名空间**是一组用来管理环境的类别与实例的集合。系统内包含着各种不同的命名空间，以便通过其内的类别与实例来管理各种不同的环境，例如命名空间**CIMv2**内所包含的是与Windows环境有关的类别与实例。

图4-7-3中的**查询**字段内需要输入WMI 查询语言（WQL）来执行筛选工作，其中的**Version like**后面的数字所代表的意义如表4-7-1所示。

表4-7-1 Version like后面的数字所代表的意义

Version	代表的Windows版本
10.0	Windows 11、Windows 10、Windows Server 2022 、Windows Server 2019与Windows Server 2016
6.3	Windows 8.1与Windows Server 2012 R2
6.2	Windows 8与Windows Server 2012
6.1	Windows 7与Windows Server 2008 R2
6.0	Windows Vista 与Windows Server 2008
5.2	Windows Server 2003
5.1	Windows XP

而ProductType右侧的数字所代表的意义如表4-7-2所示。

表4-7-2 ProductType右侧的数字所代表的意义

ProductType	所代表的意义
1	客户端级别的操作系统，例如Windows 11、Windows 10
2	服务器级别的操作系统，且是域控制器
3	服务器级别的操作系统，但不是域控制器

综合以上两个表格的说明，我们在表4-7-3中列举几个WQL命令示例。

表4-7-3 要筛选的系统与可用的WQL命令示例

要筛选的系统	可用的WQL命令示例
Windows 11与Windows 10	select * from Win32_OperatingSystem where Version like "10.0%" and ProductType="1"
Windows 11	select * from Win32_OperatingSystem where Caption like "%Windows 11%"
Windows 11（指定内部版本号码 build number，例如22000）	select * from Win32_OperatingSystem where Version like "10.0.22000%" and ProductType="1" （内部版本号码从22000开始为Windows 11；Windows 10最近的内部版本号码为19044）
Windows 11（指定内部版本号码 build number，例如号码≥22000）	select * from Win32_OperatingSystem where ((Version >= "10.0.22000") and (ProductType="1"))
Windows 10（64位与32位）	select * from Win32_OperatingSystem where Caption like "%Windows 10%"
Windows 10（64位）（如果是针对32位系统，则将AddressWidth的64改为32即可）	select * from Win32_OperatingSystem where Caption like "%Windows 10%" select * from Win32_Processor where AddressWidth="64"
Windows 8.1（64位与32位）	select * from Win32_OperatingSystem where Version like "6.3%" and ProductType="1"
Windows 8.1（32位）（如果是针对64位系统，则将AddressWidth的32改为64即可）	select * from Win32_OperatingSystem where Version like "6.3%" and ProductType="1" select * from Win32_Processor where AddressWidth="32"
Windows Server 2022域控制器	select * from Win32_OperatingSystem where Caption like "%Windows Server 2022%" and ProductType="2" （如果是针对Windows Server 2019、Windows Server 2016，则将2022改为2019、2016即可）
Windows Server 2022成员服务器	select * from Win32_OperatingSystem where Caption like "%Windows Server 2022%" and ProductType="3" （如果是针对Windows Server 2019、Windows Server 2016，则将2022改为2019、2016即可）
Windows 11、Windows 10、Windows Server 2022、Windows Server 2019与Windows Server 2016	select * from Win32_OperatingSystem where Version like "10.0%"
Windows Server 2012 R2域控制器	select * from Win32_OperatingSystem where Version like "6.3%" and ProductType="2"
Windows 8.1与Windows Server 2012 R2	select * from Win32_OperatingSystem where Version like "6.3%"
Windows 8	select * from Win32_OperatingSystem where Version like "6.2%" and ProductType="1"
Windows 7	select * from Win32_OperatingSystem where Version like "6.1%" and ProductType="1"

（续表）

要筛选的系统	可用的WQL命令示例
Windows Server 2012 R2与 Windows Server 2012成员服务器	select * from Win32_OperatingSystem where （Version like "6.3%" or Version like "6.2%"） and ProductType="3"
Windows 8.1、Windows 8、Windows 7、Windows Vista	select * from Win32_OperatingSystem where Version like "6.%" and ProductType="1"
Windows 8.1、Windows Server 2012 R2成员服务器	select * from Win32_OperatingSystem where Version like "6.3%" and ProductType<>"2"
Windows XP Service Pack 3	select * from Win32_OperatingSystem where Version like "5.1%" and ServicePackMajorVersion=3

4.8 组策略建模与组策略结果

可以通过**组策略建模**（Group Policy Modeling）来模拟用户或计算机可能的状况，例如某用户账户目前位于甲组织单位内，某计算机账户目前位于乙容器内，而我们想要知道未来如果该用户或计算机账户被移动到其他容器，该用户到此计算机上登录后，其用户或计算机策略的设置值。另外在目前现有的环境之下，如果想要知道用户在某台计算机登录之后，其用户与计算机策略设置值，可通过**组策略结果**（Group Policy Result）来获取这些信息。

1. 组策略建模

我们将利用图4-8-1的环境来练习**组策略建模**。图中用户账户**陈玛莉**（mary）与计算机账户Win11PC1目前都位于组织单位**业务部**内，而未来用户账户**陈玛莉**（mary）与计算机账户Win11PC1都会被移动到组织单位**金融部**。此时如果用户**陈玛莉**（mary）到计算机Win11PC1上登录，其用户与计算机策略设置值可以通过**组策略建模**来事先模拟得知。

图4-8-1

STEP **1** 　在图4-8-2所示的界面中【选中**组策略建模**并右击➲**组策略建模向导**】。

STEP **2** 　出现**欢迎使用组策略建模向导**界面时单击 下一步 按钮。

STEP **3** 　由于需指定一台至少是Windows Server 2003的域控制器来执行模拟工作，因此通过图4-8-3所示的界面来选择域控制器，图中我们让系统自行挑选。

图 4-8-2

图 4-8-3

STEP 4 在图 4-8-4 所示的界面中分别选择我们要练习的用户账户 mary 与计算机账户 Win11PC1，然后单击 下一步 按钮。

图 4-8-4

STEP 5 在图 4-8-5 所示的界面中选择慢速网络连接是否要处理策略，是否要采用环回处理模式等。完成后单击 下一步 按钮。

STEP 6 由图 4-8-6 所示的背景图可知用户账户（陈玛莉，mary）与计算机账户（Win11PC1）目前都是位于组织单位**业务部**，请通过 浏览 按钮来将他们模拟到未来的位置，也就是前景图中的组织单位**金融部**。完成后单击 下一步 按钮。

图 4-8-5

图 4-8-6

STEP 7 在图4-8-7所示的背景图与前景图中会分别显示用户与计算机账户目前所隶属的组，有需要，可通过单击 添加 按钮来模拟他们未来会隶属的组。图中两个界面我们都直接单击 下一步 按钮。

图 4-8-7

STEP 8 在图4-8-8所示的背景图与前景图中会分别显示用户与计算机账户目前所应用的**WMI筛选器**，有需要，可通过单击 添加 按钮来模拟他们未来会应用的**WMI筛选器**。图中两个界面我们都直接单击 下一步 按钮。

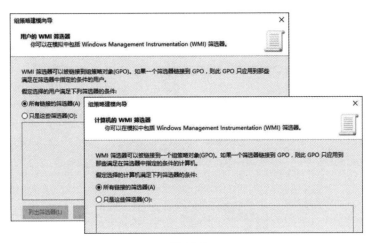

图 4-8-8

STEP **9** 确认**选项的摘要**界面的设置无误后单击下一步按钮。

STEP **10** 出现**正在完成组策略建模向导**界面时单击完成按钮。

STEP **11** 完成后，通过图**4-8-9**所示的界面右侧的3个选项卡来查看模拟的结果。

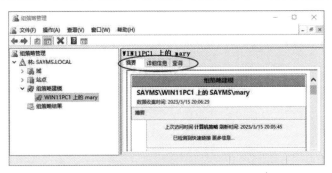

图 4-8-9

2. 组策略结果

我们将利用图4-8-10所示的环境来练习**组策略结果**。我们想要知道图中用户账户**陈玛莉**（mary）到计算机Win11PC1登录后的用户与计算机策略的设置值。

图 4-8-10

STEP 1　如果用户**陈玛莉**（mary）未曾到计算机Win11PC1登录，请先登录。

STEP 2　利用域系统管理员身份到域控制器上登录，执行**组策略管理**，如图4-8-11所示【选中**组策略结果**并右击➲**组策略结果向导**】。

图 4-8-11

STEP 3　出现**欢迎使用组策略结果向导**界面时单击 下一步 按钮。

STEP 4　在图4-8-12所示的界面中选择要查看的域成员计算机Win11PC1后单击 下一步 按钮。

图 4-8-12

先将此域成员Win11PC1的**Windows防火墙**关闭，否则无法连接此计算机。

STEP 5　在图4-8-13所示的界面中选择域用户mary（**陈玛莉**）后单击 下一步 按钮。只有目前登录的用户与曾经登录过的用户账户可以被选择。

图 4-8-13

STEP **6** 确认**选项的摘要**界面中的设置无误后单击 下一步 按钮。

STEP **7** 出现正在完成组策略结果向导界面时单击 完成 按钮。

STEP **8** 通过图4-8-14所示的界面右侧的3个选项卡来查看结果。

图 4-8-14

4.9 组策略的委派管理

可以将GPO的连接、新建与编辑等管理工作分别委派给不同的用户来负责，以分散和减轻系统管理员的管理负担。

4.9.1 站点、域或组织单位的GPO链接委派

可以将连接GPO到站点、域或组织单位的工作委派给不同的用户来执行，以组织单位**业务部**来说，可以如图4-9-1所示单击组织单位**业务部**后，通过**委派**选项卡来将链接GPO到此组织单位的工作委派给用户，由图中可知默认是Administrators、Domain Admins或Enterprise Admins等组内的用户才拥有此权限。还可以通过界面中的**权限**下拉列表来设置**执行组策略建模分析**与**访问组策略结果数据**这两个权限。

图 4-9-1

4.9.2 编辑GPO的委派

默认是Administrators、Domain Admins或Enterprise Admins等组内的用户才有权限编辑GPO，如图4-9-2所示为**测试用的GPO**的默认权限清单，可以通过此界面来赋予其他用户权限，这些权限包含**读取**、**编辑设置**与**编辑设置**、**删除**、**修改安全性** 3种。

图 4-9-2

4.9.3 新建GPO的委派

默认是Domain Admins与Group Policy Creator Owners等组内的用户才有权限新建GPO（见图4-9-3），也可通过此界面来将此权限赋予其他用户。

Group Policy Creator Owners组内的用户在新建GPO后，他就是这个GPO的拥有者，因此他对这个GPO拥有完全控制的权限，可以编辑这个GPO的属性，不过他没有编辑其他的GPO的权限。

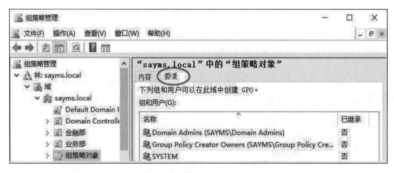

图 4-9-3

WMI筛选器的委派

系统默认是Domain Admins与Enterprise Admins组内的用户才有权限在域内创建新的WMI筛选器，并且可以修改所有的WMI筛选器，如图4-9-4中的**完全控制**权限。而Administrators与Group Policy Creator Owners组内的用户也可以创建新的WMI筛选器与修改其自行创建的WMI筛选器，不过却不可以修改其他用户创建的WMI筛选器，如图4-9-4中的**创建者所有者**权限。也可以通过此界面来将权限赋予其他用户。

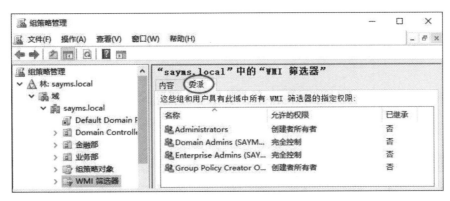

图4-9-4

Group Policy Creator Owners组内的用户，在新建WMI筛选器后，他就是此WMI筛选器的拥有者，因此他对此WMI筛选器拥有完全控制的权限，可以编辑此WMI筛选器的属性，不过他没有编辑其他的WMI筛选器的权限。

4.10 Starter GPO的设置与使用

Starter GPO内仅包含**管理模板**的策略设置，可以将经常会用到的**管理模板**策略设置值创建到**Starter GPO**内，以后在创建一般GPO时，就可以直接将**Starter GPO**内的设置值导入这个一般GPO内，如此便可以节省创建一般GPO的时间。创建**Starter GPO**的步骤如下：

STEP **1** 如图4-10-1所示【选中**Starter GPO**并右击➲新建】。

图4-10-1

可以不需要单击界面右侧的 创建Starter GPO文件夹 按钮，因为在创建第1个**Starter GPO**时，也会自动创建此文件夹，此文件夹的名称是StarterGPOs，位于域控制器的sysvol共享文件夹之下。

STEP **2** 在图4-10-2所示的界面中设置**Starter GPO**的名称与注释，然后单击 确定 按钮。

图 4-10-2

STEP 3 在图4-10-3所示的界面中【选中此Starter GPO并右击➋编辑】。

图 4-10-3

STEP 4 通过图4-10-4所示的界面来编辑计算机与用户配置的**管理模板**策略。

图 4-10-4

完成**Starter GPO**的创建与编辑后，以后在创建一般GPO时，就可以如图4-10-5所示选择从这个**Starter GPO**来导入其**管理模板**的设置值。

图 4-10-5

第 5 章　利用组策略部署软件

我们可以通过AD DS组策略来为企业内部用户与计算机部署（deploy）软件，也就是自动替这些用户与计算机安装、维护与删除软件。

5.1 软件部署概述

可以通过组策略来将软件部署给域用户与计算机，也就是域用户登录或成员计算机启动时，会自动安装或部署软件，而软件部署分为**分配**（assign）与**发布**（publish）两种。一般来说，这些软件需为Windows Installer Package（也称为**MSI应用程序**），其内包含着扩展名为.msi的安装文件。

> 也可以部署扩展名为.zap（因限制很多且不实用，故不在本书的讨论范围）或.msp的软件，或是将安装文件扩展名为.exe的软件重新封装成为扩展名是.msi的Windows Installer Package（可使用EMCO MSI Package Builder等软件）。

5.1.1 将软件分配给用户

将一个软件通过组策略分配给域用户后，用户在任何一台域成员计算机登录时，这个软件都会被**通告**（advertised）给该用户，但系统尚未安装此软件，只会设置与此软件有关的部分信息而已，例如可能会在**开始**窗口中自动创建该软件的快捷方式（需视该软件是否支持此功能而定）。

用户通过单击该软件在**开始**窗口（或**开始**菜单）中的快捷方式后，就可以安装此软件。用户也可以通过**控制面板**来安装此软件，以Windows 11客户端来说，其安装方法可为：【按 ⊞+ R 组合键➡输入control后按 Enter 键➡单击**程序**处的**获得程序**】。

5.1.2 将软件分配给计算机

将一个软件通过组策略分配给域成员计算机后，这些计算机在启动时就会自动安装这个软件（完整或部分安装，视软件而定），而且任何用户登录后，都可以通过**开始**窗口中的快捷方式来使用此软件。

5.1.3 将软件发布给用户

将一个软件通过组策略发布给域用户后，此软件并不会被自动安装到用户的计算机内，不过用户可以通过**控制面板**来安装此软件，以Windows 11客户端来说，其安装方法为【按⊞+ R 组合键➡输入control后按 Enter 键➡单击**程序**处的**获得程序**】。

> 只可以分配软件给计算机，无法发布软件给计算机。

5.1.4　自动修复软件

被发布或分配的软件可以具备自动修复的功能（视软件而定），也就是在软件安装完成后，在使用过程中，如果此软件程序内有关键性的文件损毁、遗失或不小心被用户删除，则在用户执行此软件时，系统会自动检测到此不正常现象，并重新安装这些文件。

5.1.5　删除软件

一个被发布或分配的软件，在客户端将它安装完成后，如果不想再让用户来使用此软件，则可在组策略内从已发布或已分配的软件列表中将此软件删除，并配置让客户端下次应用此策略时（例如用户登录或计算机启动时），自动将这个软件从客户端计算机中删除。

5.2　将软件发布给用户

以下沿用前面的组织单位**业务部**中的**测试用的GPO**，来练习将**MSI应用程序**（Windows Installer Package）发布给**业务部**内的用户，并让用户通过**控制面板**来安装此软件。如果还没有创建组织单位**业务部**与**测试用的GPO**，请先使用**Active Directory管理中心**（或**Active Directory用户和计算机**）与**组策略管理**来创建，并在**业务部**内新增数个用来练习的用户账户。

5.2.1　发布软件

以下步骤将先创建**软件发布点**（software distribution point，也就是用来存储**MSI应用程序**的共享文件夹），接着配置软件默认的存储地点，最后将软件发布给用户。以下将利用免费的文字编辑软件AkelPad来练习，请读者自行上网下载。

STEP **1** 在域中的任何一台服务器内（假设为DC1）创建一个用来作为**软件发布点**的文件夹，例如C:\Packages，它将用来存储**MSI应用程序**（Windows Installer Package），例如我们要用来练习的软件为**AkelPad 4.4.3**版。

STEP **2** 通过【选中此文件夹并右击➜授予访问权限➜特定人员】的方法，来将此文件夹配置为**共享文件夹**，赋予Everyone读取权限。

STEP **3** 在此共享文件夹内创建用来存放**AkelPad 4.4.3**的子文件夹，然后将**AkelPad 4.4.3**复制到此文件夹内，如图5-2-1所示。

STEP **4** 接着配置软件默认的存储地点：在域控制器上【打开**服务器管理器**➜单击右上角的**工具**➜**组策略管理**➜展开到组织单位**业务部**➜选中**测试用的GPO**并右击➜**编辑**➜在图5-2-2中展开**用户配置**➜**策略**➜**软件设置**➜**软件安装**➜单击上方的**属性**图标】。

图 5-2-1

图 5-2-2

STEP **5** 在图5-2-3所示的界面中的**默认程序数据包位置**处输入软件的存储位置，注意必须是UNC网络路径，例如\\dc1\Packages（不是本地路径，例如不是C:\Packages）。完成后单击 确定 按钮。

图 5-2-3

STEP **6** 如图5-2-4所示【选中**软件安装**并右击➲新建➲数据包】。

图 5-2-4

STEP 7 在图5-2-5所示的界面中选择**AkelPad 4.4.3**版的**AkelPad443.msi**（扩展名.msi默认会被隐藏），然后单击打开按钮。

图 5-2-5

STEP 8 在图5-2-6所示的界面中选择**已发布**，然后单击确定按钮。

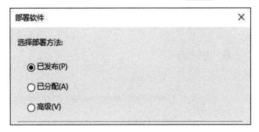

图 5-2-6

STEP 9 由图5-2-7可知**AkelPad 4.4.3**已被成功发布。

图 5-2-7

5.2.2 在客户端安装被发布的软件

我们将到域成员计算机上通过**控制面板**来安装上述被发布的软件。

STEP 1 到任何一台域成员计算机上利用组织单位**业务部**中的用户账户（例如mary）登录域，假设此计算机为Windows 11。

STEP 2 按⊞+R组合键➲输入control后按Enter键➲单击图5-2-8中**程序**处的**获得程序**。

图 5-2-8

STEP 3 在图5-2-9所示的界面中单击已发布的软件**AkelPad443**后单击上方的**安装**。

图 5-2-9

STEP 4 完成后，以Windows 11为例：【单击下方的**开始**图标▇▇➲单击右上方的**所有应用**➲如图5-2-10所示可看到AkelPad的相关快捷方式】。试着执行此程序（AkelPad）来测试程序是否正常。

图 5-2-10

5.2.3 测试自动修复软件的功能

我们要删除安装好的软件**AkelPad 4.4.3**中的某个文件夹，以便测试当系统发现此文件夹丢失时，是否会自动重新安装此文件夹及其内部的文件。目前登录的用户仍然是mary。以下假设客户端为Windows 11。

STEP 1 单击下方的**文件资源管理器**图标■ ➲ 删除图5-2-11中C:\Program Files（x86）\AkelPad之下的AkelFiles文件夹。

图 5-2-11

STEP 2 由于目前登录的用户mary并没有权限删除此文件夹，因此在图5-2-12中输入系统管理员的账户与密码后单击是按钮来将此文件夹删除。

图 5-2-12

STEP 3 接下来再执行AkelPad来测试自动修复功能：【单击下方的**开始**图标■➲单击右上方的**所有应用**➲展开**AkelPad**文件夹 ➲单击**AkelPad**应用程序】，此时系统检测到AkelFiles文件夹已遗失，因此会自动重新安装此文件夹与其内的文件。

5.2.4 取消已发布的软件

如果要取消已经发布的软件，请如图5-2-13所示【选中该软件并右击➲**所有任务**➲**删除**】，然后可以有以下两种选择：

图 5-2-13

- **立即从用户和计算机中卸载软件**：当用户下次登录时或计算机启动时，此软件就会自动被删除。
- **允许用户继续使用软件，但阻止新的安装**：用户已经安装的软件不会被删除，可以继续使用它，不过新用户登录时，就不会有此软件可供安装与使用了。

5.3 将软件分配给用户或计算机

将软件分配给用户或计算机的步骤，与前一小节将软件发布给用户类似，本节仅列出差异。

5.3.1 分配给用户

可以将软件分配给整个域或某个组织单位内的用户，其详细的操作步骤请参照前一节，不过需要如图5-3-1所示改为选择**已分配**。

也可以将一个已经发布的软件直接改为**已分配**：如图5-3-2所示【选中此软件并右击 ➋ **分配**】。

图 5-3-1

图 5-3-2

被分配此软件的用户，当他们登录后，系统就会创建该软件的快捷方式；在相关扩展名与此软件之间创建起关联关系（视软件而定），不过此软件事实上还没有真正地安装完成，此时只要用户单击此软件的快捷方式，系统就会开始自动安装此软件。用户也可以通过【按 ⊞ + R 组合键⮕输入control后按 Enter 键⮕单击**程序处**的**获得程序**】来安装。

5.3.2 分配给计算机

将软件分配给整个域或组织单位内的计算机后，这些计算机在启动时就会自动安装此软件。分配的步骤与前一节相同，不过要注意以下几点区别：

- 如图5-3-3所示通过**计算机配置**来配置，而不是**用户配置**。

图 5-3-3

- 配置软件默认的存储位置：【选中图5-3-3中的**软件安装**并右击⮕**属性**⮕**默认程序数据包位置**】。然后就可以通过【选中**软件安装**并右击⮕**新建**⮕**数据包**】的方法来将软件分配给计算机。

5.4 将软件升级

我们可以通过软件部署的方式来升级旧版软件，升级的方式有以下两种：

- **强制升级**：不论是发布还是分配新版的软件，原来旧版的软件都会被自动升级，不过刚开始此新版软件并未被完全安装（例如仅会创建快捷方式），用户需单击此程序的快捷方式或执行此软件，系统才会开始完整地安装这个新版的软件。如果未自动升级，则需通过**控制面板**来安装这个新版本的软件。
- **选择性升级**：不论是发布还是分配新版的软件，原来旧版的软件都不会被自动升级，用户必须通过**控制面板**来安装这个新版的软件。

> 如果是**强制升级**，则用户在**控制面板**内无法选用原来的旧版软件。分配给计算机的软件，只可以选择**强制升级**。

以下说明如何部署新版本软件（假设是**AkelPad 4.8.5**），以便将用户的旧版本软件（假设是**AkelPad 4.4.3**）升级，同时假设是要针对组织单位**业务部**内的用户，而且是通过**测试用的GPO**来练习。

STEP **1** 将新版软件，如图5-4-1所示的**AkelPad485**文件夹复制到软件发布点内。

图5-4-1

STEP **2** 到域控制器【打开服务器管理器◑单击右上角的工具◑组策略管理◑展开到组织单位业务部◑选中**测试用的GPO**并右击◑**编辑**◑如图5-4-2所示展开到**用户配置**下的**软件设置**◑选中**软件安装**并右击◑**新建**◑**数据包**】。

图5-4-2

STEP **3**　在图5-4-3所示的界面中选择新版本的**MSI应用程序**，也就是**AkelPad485.msi**（扩展名.msi默认会被隐藏），然后单击打开按钮。

图 5-4-3

STEP **4**　在图5-4-4所示的界面中选择**高级**后单击确定按钮。

STEP **5**　在图5-4-5所示的界面中单击**升级**选项卡，如果要强制升级，请勾选**现有程序包所需的升级**，否则直接单击添加按钮。

图 5-4-4

图 5-4-5

STEP **6**　在图5-4-6所示的界面中选择要升级的旧版软件**AkelPad443**后单击确定按钮。

图 5-4-6

在图中也可以选择将某个特定GPO所部署的旧版软件升级。另外还可以在界面的最下方选择卸载现有程序数据包，然后安装升级数据包或数据包可用升级现有数据包。

STEP **7** 回到前一个界面时单击确定按钮。

STEP **8** 图5-4-7为完成后的界面，其中**AkelPad485**左侧的图中向上的箭头表示它是用来升级的软件。

图5-4-7

从右侧的**升级**与**升级类型**字段也可知道它用来将**AkelPad443**强制升级，不过默认并不会显示这两个字段，必须通过【单击上方的**查看菜单➲添加/删除字段**】的方法来添加这两个字段。

STEP **9** 由于我们选择强制升级，因此当用户应用策略后（例如登录或重新启动计算机）：【单击下方的**开始**图标█➲单击右上方的**所有应用**➲展开**AkelPad**文件夹➲单击**AkelPad**应用程序】时，计算机便会自动将**AkelPad 4.4.3**升级为**AkelPad 4.8.5**（如果未自动升级，则需通过**控制面板**来安装这个新版本的软件）。

所部署的软件，如果厂商之后有.msi或.msp的更新程序，可尝试将新的.msi复制到软件发布点，或是执行msiexec.exe程序来将.msp文件更新到软件发布点（下一节有范例），最后再【选中该软件并右击➲所有任务➲重新部署应用程序】，这样客户端执行该软件时可能就会自动安装更新程序，但是也可能需要客户端先自行卸载该软件后才会重新安装。

5.5 部署Adobe Acrobat

由于部署Adobe Acrobat的方法与前面部署AkelPad的方法相同，因此以下仅做关键性步骤的说明，同时利用此范例来说明如何部署扩展名是.msp的更新文件。

5.5.1 部署基础版

以下以 Adobe Acrobat Reader DC 为例来说明。请先到以下 Adobe **的 FTP 服务器** ftp://ftp.adobe.com/pub/adobe/reader/win下载基础版（base version）的 Adobe Acrobat Reader DC 安装文件（.msi），此处假设所下载的文件为AcroRdrDC1500720033_zh_CN.msi，且我们将所下载的文件存储到C:\Download文件夹。接着请利用以下指令来获取此.msi内的文件：

```
msiexec  /a  C:\Download\AcroRdrDC1500720033_zh_CN.msi
```

将读取出的文件存储到任一文件夹内（假设是如图5-5-1所示的C:\Extract）。

图 5-5-1

然后将整个Extract文件夹内的文件复制到软件发布点，例如复制到C:\Packages\Adobe文件夹内，如图5-5-2所示。

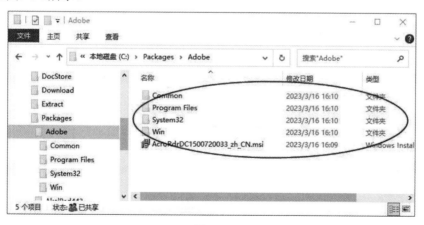

图 5-5-2

接着部署软件发布点\\dc1\Packages\Adobe内的程序AcroRdrDC1500720033 _zh_CN.msi，图5-5-3为完成部署后的界面（假设是发布给组织单位**业务部**内的用户，而且是通过**测试用的 GPO**来练习）。

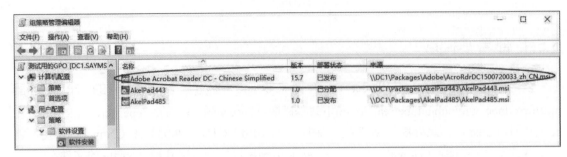

图 5-5-3

接下来到客户端安装此被部署的Adobe Acrobat Reader DC 1500720033软件：到任何一台域成员计算机上利用组织单位**业务部**中的用户账户（例如mary） 重新登录域以便应用策略配置，然后【按⊞+ R 组合键⮕输入control后按 Enter 键⮕单击**程序**处的**获得程序**⮕单击图5-5-4中的**Adobe Acrobat Reader DC - Chinese Simplified**后单击上方的**安装】**。

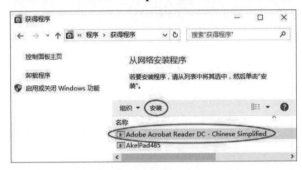

图 5-5-4

5.5.2 部署更新程序

如果有Acrobat Reader更新文件，会以扩展名为.msp的文件发布。以下练习如何将.msp文件整合到基础版的Adobe Acrobat Reader DC安装文件（.msi）内，并部署此包含更新程序的自定义.msi安装文件。我们可以利用msiexec.exe程序来将.msp文件整合到.msi文件，其语法如下：

```
msiexec  /p  .msp文件的路径与文件名   /a  .msi文件的路径与文件名
```

STEP **1** 到 Adobe 的 网 站 下 载 较 新 版 的 .msp 更 新 文 件 ， 假 设 所 下 载 的 文 件 为 AcroRdrDCUpd2100720095，将它存储在C:\Download文件夹内，然后执行以下命令来更新前面所叙述的C:\Extract里面的文件（见图5-5-5）：

```
msiexec  /p C:\Download\AcroRdrDCUpd2100720095.msp
            /a C:\Extract\AcroRdrDC1500720033_zh_CN.msi
```

图 5-5-5

STEP **2**　将已经更新过的整个Extract文件夹内的文件复制到软件发布点，假设是复制到
C:\Packages\AdobeUpdate文件夹内，如图5-5-6所示。

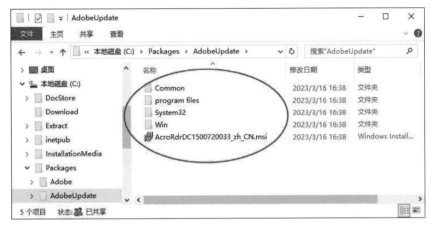

图 5-5-6

STEP **3**　部署上述文件夹内的.msi程序。在部署时，如图5-5-7所示选择**高级**。

STEP **4**　先在图5-5-8所示的界面中配置此更新版软件的名称。

图 5-5-7

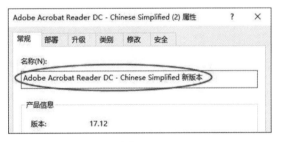

图 5-5-8

STEP **5**　我们部署此新版软件程序的目的，是要更新客户端中的旧版软件，但是此版本的
Acrobat Reader无法采用升级方式，只能先卸载旧版本，再重新安装新版本，因此我
们需先如图5-5-9所示在**升级**选项卡中，将升级方式的默认项目删除。

图 5-5-9

STEP **6** 接着如图5-5-10所示单击**升级**选项卡中的 添加 按钮（假设我们也勾选**现有程序包所需的升级**）➲单击旧版的Adobe Acrobat Reader DC➲确认是选择**卸载现有程序数据包，然后安装升级数据包**➲……。

图 5-5-10

STEP **7** 完成后的界面如图5-5-11所示。

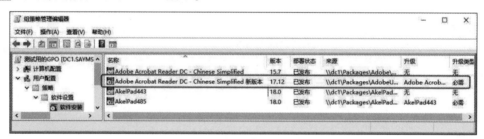

图 5-5-11

STEP **8** 在客户端安装此被部署的新版Acrobat Reader DC：先重新登录以便应用策略配置，然后【按 ⊞ + R 组合键➲输入control后按 Enter 键➲单击**程序**处的**获得程序**➲单击图5-5-12中的**Adobe Acrobat Reader DC - Chinese Simplified新版本**后单击上方的**安装**】，系统会先卸载旧版本，再安装新版本。

图 5-5-12

第6章 限制软件的执行

我们可以通过**软件限制策略**（software restriction policy，SRP）所提供的多种规则，来限制或允许用户可以执行的程序。

6.1 软件限制策略概述

我们在4.5节内介绍过如何利用文件名来限制用户可以或不可以执行指定的应用程序，然而如果用户有权更改文件名，就可以突破此限制，此时我们仍然可以通过本章的**软件限制策略**来管理。此策略的安全级别分为以下三种：

- **不受限**：也就是所有登录的用户都可以执行指定的程序（只要用户拥有适当的访问权限，例如NTFS权限）。
- **不允许**：不论用户对程序文件的访问权限为何，都不允许执行程序。
- **基本用户**：允许以一般用户的权限（Users组的权限）来执行程序。

系统默认的安全级别是所有程序都**不受限**，也就是只要用户对要执行的程序文件拥有适当访问权限，他就可以执行此程序。不过可以通过**哈希规则、证书规则、路径规则**与**网络区域规则**等4种规则来创建例外的安全级别，以便拒绝用户执行指定的程序。

6.1.1 哈希规则

哈希是根据程序的文件内容所计算出来的一连串字节，不同程序有着不同的哈希值，所以系统可用它来识别程序。在替某个程序创建**哈希规则**，并利用它限制用户不允许执行此程序时，系统就会为该程序创建哈希值。而当用户要执行此程序时，其Windows系统就会比对自行计算出来的哈希值是否与软件限制策略中的哈希值相同，如果相同，表示它就是被限制的程序，因此会被拒绝执行。

即使此程序的文件名被改变或被移动到其他位置，也不会改变其哈希值，因此它仍然会受到哈希规则的约束。

如果用户计算机端的程序文件内容被修改（例如感染计算机病毒），则此时用户的计算机所计算出的哈希值并不会与哈希规则中的哈希值相同，因此不会认为它是受限制的程序，故不会拒绝此程序的执行。

6.1.2 证书规则

软件发行公司可以利用证书（certificate）来签署其所开发的程序，而软件限制策略可以通过此证书来识别程序，也就是说可以创建**证书规则**来识别利用此证书所签署的程序，以便允许或拒绝用户执行此程序。

6.1.3 路径规则

可以通过**路径规则**来允许或拒绝用户执行位于某个文件夹内的程序。由于是根据路径来识别程序，因此如果程序被移动到其他文件夹，则此程序将不会再受到路径规则的约束。

除了文件夹路径外，也可以通过**注册表**（registry）路径来进行限制，例如开放用户可以执行在登录中指定的文件夹内的程序。

6.1.4 网络区域规则

可以利用网络区域规则来允许或拒绝用户执行位于某个区域内的程序，这些区域包含本地计算机、Internet、本地Intranet、受信任的站点与受限制的站点。

除了本地计算机与**Intranet**之外，可以设置其他三个区域内所包含的计算机或网站：【单击下方的**文件资源管理器**图标　⮞选中左下方的**网络**并右击⮞**属性**⮞单击左下角的**Intranet选项**⮞单击图6-1-1中的**安全选项卡**⮞选择要设置的区域后单击 站点 按钮】。

图6-1-1

网络区域规则适用于扩展名为.msi的Windows Installer Package。

6.1.5 规则的优先级

如果一个程序同时适用于不同软件限制规则，此时这些规则的优先级由高到低为：哈希规则、证书规则、路径规则、网络区域规则。

例如针对某个程序设置了哈希规则，且设置其安全级别为**不受限**；同时针对此程序所在的文件夹设置路径规则，且设置其安全级别为**不允许**，此时因为哈希规则的优先级高于路径规则，所以用户仍然可以执行此程序。

6.2 启用软件限制策略

可以通过本地计算机、站点、域与组织单位等四个不同地方来设置软件限制策略。以下将利用前几章所使用的组织单位**业务部**内的**测试用的GPO**来练习软件限制策略（如果尚未有此组织单位与GPO，请先创建）：到域控制器上【打开**服务器管理器**⤳单击右上角的**工具**⤳**组策略管理**⤳展开到组织单位**业务部**⤳选中**测试用的GPO**并右击⤳**编辑**⤳在图6-2-1中展开**用户配置**⤳**策略**⤳**Windows设置**⤳**安全设置**⤳选中**软件限制策略**并右击⤳**创建软件限制策略**】。

图 6-2-1

接着单击图6-2-2左侧的**安全级别**，从右侧**不受限**前面的打勾符号可知默认安全级别是所有程序都**不受限**，只要用户对要执行的程序文件拥有适当访问权限，他就可以执行该程序。

图 6-2-2

6.2.1 创建哈希规则

例如要利用哈希规则来限制用户不可以安装号称**网络剪刀手**的Netcut，则其步骤如下所示（假设为Netcut 3.0版本，其安装文件为Netcut.exe）：

STEP **1**　我们将到域控制器上进行设置，因此请先将Netcut 3.0的安装文件Netcut.exe复制到此计算机上。

STEP **2**　如图6-2-3所示【选中**其他规则**并右击➲**新建哈希规则**➲单击 浏览 按钮 】。

图 6-2-3

STEP **3**　在图6-2-4所示的界面中浏览到Netcut 3.0安装文件Netcut.exe，单击 打开 按钮。

图 6-2-4

STEP **4**　在图6-2-5所示的界面中选择**不允许**安全级别后单击 确定 按钮。

图 6-2-5

STEP 5 图6-2-6为完成后的界面。

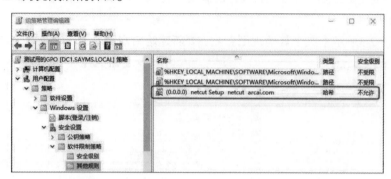

图 6-2-6

位于组织单位**业务部**内的用户应用此策略后，在执行Netcut 3.0的安装文件Netcut.exe时会被拒绝，且会出现如图6-2-7所示的警告界面（以Windows 11计算机为例）。

图 6-2-7

如果出现输入账号与密码的界面，则可能是策略尚未应用到用户。

不同版本的Netcut，其安装文件的哈希值也都不相同，因此如果要禁止用户安装其他版本的Netcut，需要再针对它们创建哈希规则。

6.2.2 创建路径规则

路径规则分为文件夹路径规则与注册表路径规则两种。路径规则中可以使用环境变量，例如*%Userprofile%*、*%SystemRoot%*、*%Appdata%*、*%Temp%*、*%Programfiles%*等。

1. 创建文件夹路径规则

举例来说，如果要利用文件夹路径规则来限制用户不可以执行位于\\dc1\SystemTools共享文件夹内的所有程序，则其设置步骤如下：

STEP 1 如图6-2-8所示【选中**其他规则**并右击➲**新建路径规则**】。

STEP 2 如图6-2-9所示输入或浏览路径，**安全级别**选择**不允许**，然后单击 确定 按钮。

如果只是要限制用户执行此路径内的某个程序，请输入此程序的文件名，例如要限制的程序为netcut.exe，则输入\\dc1\SystemTools\netcut.exe；如果不论此程序位于何处，皆要禁止用户执行，则只要输入程序名称netcut.exe即可。

图 6-2-8

图 6-2-9

STEP **3** 图6-2-10为完成后的界面。

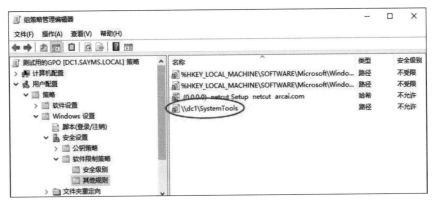

图 6-2-10

2. 创建注册表路径规则

也可以通过**注册表**（registry）路径来开放或禁止用户执行路径内的程序。由图6-2-11中可以看出，系统已经内建了两个注册表路径。

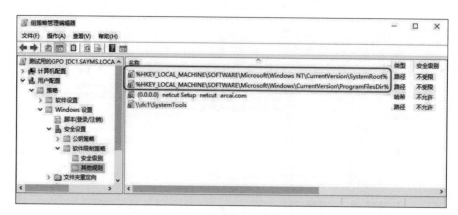

图6-2-11

其中第一个注册表路径是要开放用户可以执行位于以下注册表路径内的程序：

HKEY_LOCAL_MACHINE\SOFTWARE\Microsoft\Windows NT\CurrentVersion\SystemRoot

而我们可以利用注册表编辑器（REGEDIT.EXE）来查看其所映射的文件夹，如图6-2-12所示为C:\Windows，也就是说用户可以执行位于文件夹C:\Windows内的所有程序。

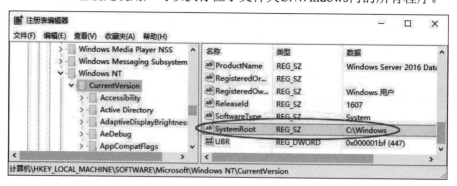

图6-2-12

如果要编辑或新建注册表路径规则，记得在路径前后要附加%符号，例如：

%HKEY_LOCAL_MACHINE\SOFTWARE\Microsoft\WindowsNT\CurrentVersion\SystemRoot%

6.2.3 创建证书规则

由于客户端计算机默认并未启用证书规则，因此这些计算机在执行扩展名为.exe的可执行文件时，并不会处理与证书有关的事宜。以下我们将先启用客户端的证书规则，然后再来创建证书规则。

1. 启用客户端的证书规则

证书规则的启用是通过组策略来设置的，以下假设是要针对组织单位**业务部**内的计算机来启用证书规则，而且是通过**测试用的GPO**来设置。

到域控制器上：【打开**服务器管理器** ➲ 单击右上角的**工具** ➲ **组策略管理** ➲ 展开到组织单

位**业务部**➲选中**测试用的GPO**并右击➲**编辑**➲在图6-2-13中展开**计算机设置**➲**策略**➲**Windows设置**➲**安全设置**➲**本地策略**➲**安全选项**➲将右侧的**系统设置：将Windows可执行文件中的证书规则用于软件限制策略**设置为已启用】。完成后，位于此组织单位业务部内的计算机在应用策略后便具备通过证书来限制程序执行的功能。

图 6-2-13

> 如果要启用本地计算机的证书规则：【执行GPEDIT.MSC➲**计算机设置**➲**Windows设置**……（以下与前述域组策略路径相同）】，如果此设置与域组策略设置有冲突，则以域组策略的设置优先。

也可以通过以下方法来启用客户端的证书规则：【在图6-2-14中展开**计算机设置**➲**策略**➲**Windows设置**➲**安全设置**➲**软件限制策略**➲双击右侧的**强制**➲选择**强制证书规则**】。

图 6-2-14

2. 创建证书规则

以下假设在组织单位**业务部**内默认的安全级别是**不允许**，也就是此组织单位内的用户无法执行所有程序，但只要程序经过向Sayms公司申请的**代码签名证书**，该程序就被允许执行。假设此证书的证书文件名为SaymsCert.cer。

可以通过自行搭建的CA来练习：例如搭建独立CA后，在此CA计算机上利用浏览器来向此CA申请代码签名证书（记得勾选**将密钥标记为可导出**）、下载与安装证书、将证书导出存档（通过【单击下方的文件**资源管理器**图标🗔➲选中左下方的网络并右击➲**属性**➲单击左下角的**Internet选项**➲**内容**选项卡➲单击 证书 按钮➲选择证书➲单击 导出 按钮】的方法）。CA与证书的说明可参考《**Windows Server 2022 系统与网站配置实战**》这本书。

STEP **1**　在图6-2-15所示的界面中选中**其他规则**并右击➲**新建证书规则**➲单击 浏览 按钮。

图 6-2-15

STEP **2**　在图6-2-16所示的界面中浏览到证书文件（假设是SaymsCert.cer）后单击 打开 按钮。

STEP **3**　在图6-2-17所示的界面中安全级别选择**不受限**后单击 确定 按钮。

图 6-2-16

图 6-2-17

STEP **4**　图6-2-18为完成后的界面。位于组织单位**业务部**内的用户应用此策略后，在执行所有经过Sayms证书签署的程序时，都会被允许。

图 6-2-18

6.2.4 创建网络区域规则

可以利用网络区域规则来允许或拒绝用户执行位于某个区域内的程序，这些区域包含本地计算机、Internet、本地Intranet、受信任的站点与受限制的站点。

创建网络区域规则的方法与其他规则类似，也就是如图6-2-19所示【选中**其他规则**并右击➥**新建网络区域规则**➥在**网络区域**处选择区域➥选择**安全级别**】，图中表示只要是位于**受限制的站点**内的程序都**不允许**执行。图6-2-20为完成后的界面。

图 6-2-19

图 6-2-20

6.2.5 不要将软件限制策略应用到本地系统管理员组

如果不想将软件限制策略应用到**本地系统管理员组**（Administrators），可以如图6-2-21
所示【双击**软件限制策略**右侧的**强制**➲在**将软件限制策略应用到下列用户**处选择**除本地管理
员之外的所有用户**➲单击 确定 按钮】。

图 6-2-21

第 7 章　建立域树与林

我们在第2章已经介绍过如何建立单一域的网络环境，而本章将更进一步介绍如何建立完整的**域树**与**域林**。

7.1 建立第一个域

在开始建立域树与林之前，如果对**Active Directory域服务**（AD DS）概念还不是很清楚，请先参考第1章的说明。以下利用图7-1-1中的域林来进行说明，此域林内包含左、右两棵域树。

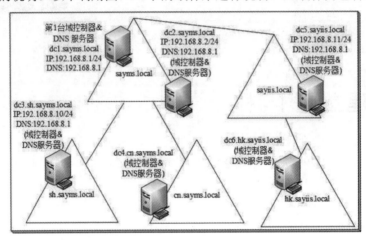

图 7-1-1

- **左侧的域树**：它是这个林内的第1棵域树，其根域的域名为sayms.local。根域之下有两个子域，分别是sh.sayms.local与cn.sayms.local。林名称以第1个域树的根域名称来命名，所以这个林的名称就是sayms.local。
- **右侧的域树**：它是这个林内的第2棵域树，其根域的域名为sayiis.local。根域之下有一个子域hk.sayiis.local。

建立域之前的准备工作与建立图中第1个域sayms.local的方法，都已经在第2章介绍过了。本章将只介绍如何建立子域 （例如图左下方的sh.sayms.local）与第2棵域树（例如图右侧的sayiis.local）。

7.2 建立子域

下面通过将图7-1-1中dc3.sh.sayms.local升级为域控制器的方式来建立子域sh.sayms.local，这台服务器可以是独立服务器或隶属于其他域的现有成员服务器。请先确定图7-1-1中的根域sayms.local已经建立完成。

STEP **1** 先在图7-1-1左下角的服务器dc3.sh.sayms.local上安装Windows Server 2022，并将其计算机名称设置为DC3，IPv4地址等配置信息依照图中所示进行设置。注意，将计算机名称设置为DC3即可，等升级为域控制器后，就会自动被改为dc3.sh.sayms.local。

STEP **2** 打开服务器管理器，单击仪表板处的添加角色和功能。

STEP **3** 持续单击下一步按钮一直到如图7-2-1所示的界面，勾选**Active Directory域服务**，单击添加功能按钮。

图 7-2-1

STEP **4** 持续单击下一步按钮一直到**确认安装选项**界面，单击安装按钮。

STEP **5** 图7-2-2为完成安装后的界面，请单击**将此服务器提升为域控制器**。

图 7-2-2

如果在图7-2-2所示的界面中单击了关闭按钮，则可以如图7-2-3所示单击**服务器管理器**上方旗帜符号，然后单击**将此服务器提升为域控制器**。

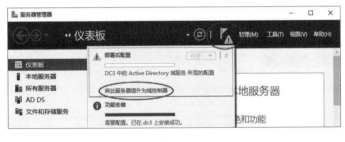

图7-2-3

STEP **6** 如图7-2-4所示选择**将新域添加到现有林**，**选择域类型**选子域，输入父域名sayms.local，新域名sh后单击更改按钮。

STEP **7** 如图7-2-5所示输入有权限新建子域的用户账户（例如sayms \administrator）与密码后单击确定按钮。回到前一个界面后单击下一步按钮。

图 7-2-4

图 7-2-5

仅林根域sayms.local中的组Enterprise Admins内的成员才有权限建立子域，例如本范例的 sayms\administrator就是隶属于此组）。

STEP 8 完成图7-2-6中的设置后单击 下一步 按钮：

图 7-2-6

- **选择新域的功能级别**：此处假设选择默认的Windows Server 2016。
- 默认会直接在此服务器上安装DNS服务器。

- 默认会扮演**全局编录服务**器的角色。
- 新域的第一台域控制器不能是**只读域控制器**（RODC）。
- 选择新域控制器所在的AD DS站点，目前只有一个默认的站点Default-First-Site-Name可供选择。
- 设置**目录服务还原模式**的系统管理员密码。

> 密码默认需至少7个字符，且不能包含用户账户名称（指**用户SamAccountName**）或全名，还有至少要包含A～Z、a～z、0～9、非字母数字（例如!、$、#、%）等4组字符中的3组，例如123abcABC为有效密码，而1234567为无效密码。

STEP 9 出现如图7-2-7所示的界面时直接单击 下一步 按钮。

图7-2-7

STEP 10 在图7-2-8所示的界面中单击 下一步 按钮。图中安装向导会为此子域设置一个NetBIOS格式的域名（不区分字母大小写），客户端也可以利用此NetBIOS名称来访问此域的资源。默认NetBIOS域名为DNS域名中第1个句点左侧的文字，例如DNS名称为sh.sayms.local，则NetBIOS名称为SH。

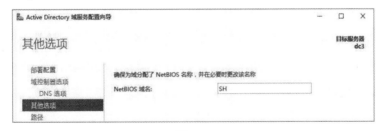

图7-2-8

STEP 11 在图7-2-9所示的界面中可直接单击 下一步 按钮：

- **数据库文件夹**：用来存储AD DS数据库。
- **日志文件文件夹**：用来存储AD DS的更改记录，此记录文件可被用来修复AD DS数据库。
- **SYSVOL文件夹**：用来存储域共享文件（例如组策略相关的文件）。

STEP 12 在**查看选项**界面中，确认选项无误后单击 下一步 按钮。

STEP 13 在图7-2-10所示的界面中，如果顺利通过检查，就直接单击 安装 按钮，否则请根据界面提示先排除问题。

图 7-2-9

图 7-2-10

STEP 14 安装完成后会自动重启计算机。可在此域控制器上利用子域系统管理员sh\administrator或林根域系统管理员sayms\administrator身份登录。

完成域控制器的安装后，因为它是此域中的第1台域控制器，所以原本这台计算机内的**本地**用户账户会被转移到此域的AD DS数据库内。这台域控制器内同时也安装DNS服务器，因此其内会自动建立如图7-2-11所示的区域sh.sayms.local，它被用来提供此区域的查询服务。

图 7-2-11

同时此台DNS服务器会将非sh.sayms.local域（包含sayms.local）的查询请求通过**转发器**转发给sayms.local的DNS服务器dc1.sayms.local（192.168.8.1）来处理，可以通过以下方法来查看此设置：【如图7-2-12所示单击服务器**DC3**⊃单击上方的**属性**图标⊃单击前景图中的**转发器**选项卡】。

图 7-2-12

另外，此服务器的**首选DNS服务器**会如图7-2-13所示被改为指向自己（127.0.0.1），**备用DNS服务器**指向sayms.local的DNS服务器dc1.sayms.local（192.168.8.1）。

图 7-2-13

同时sayms.local的DNS服务器dc1.sayms.local也会自动在区域sayms.local之下建立如图7-2-14所示的委派域（sh）与名称服务器记录（NS），以便当它接收到查询sh.sayms.local的请求时，可将其转发给服务器dc3.sh.sayms.local来处理。

图 7-2-14

> **Q** 根域sayms.local的用户是否可以在子域sh.sayms.local的成员计算机上登录？子域 sh.sayms.local的用户是否可以在根域sayms.local的成员计算机上登录？
>
> **A** 都可以。任何域的所有用户，默认都可在同一个林的其他域的成员计算机上登录，但域控制器除外，默认只有隶属于Enterprise Admins组（位于林根域 sayms.local内）的用户才有权限在所有域内的域控制器上登录。每一个域的系统管理员（Domain Admins）虽然可以在所属域的域控制器上登录，但却无法在其他域的域控制器上登录，除非另外被赋予允许本地登录的权限。

7.3 建立林中的第2棵域树

要在现有**林**中添加第2棵（或更多棵）**域树**，需先建立此域树中的第1个域，而建立第1个域的方法通过建立第1台域控制器的方式来实现。

假设我们要添加如图7-3-1右侧所示的域sayiis.local，由于这是该域树中的第1个域，因此它是这个新域树的根域。我们要将sayiis.local域树加入林sayms.local中（sayms.local是第1棵域树的根域的域名，也是整个林的名称）。

以下将通过建立图7-3-1中域控制器dc5.sayiis.local的方式来建立第2棵域树。

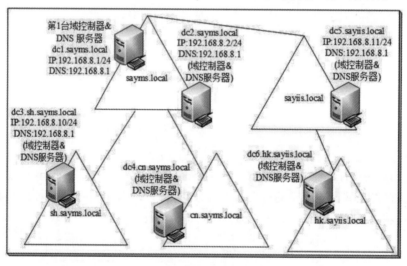

图 7-3-1

7.3.1 选择适当的DNS架构

如果要将sayiis.local域树加入林sayms.local中，则需能够通过DNS服务器来找到林中的**域命名操作主机**（domain naming operations master），此主机默认是由林中的第1台域控制器扮演（详见第10章），以图7-3-1来说，它就是dc1.sayms.local。

DNS服务器内也还需有一个名称为sayiis.local的**主要区域**，以便让域sayiis.local的域控制器能够将自己注册到此区域内。域sayiis.local与sayms.local可以使用同一台DNS服务器，也可以各自使用不同的DNS服务器：

- **使用同一台DNS服务器**：请在此台DNS服务器内另外建立一个名称为sayiis.local的主要区域，并启用动态更新功能。此时这台DNS服务器内同时拥有sayms.local与sayiis.local两个区域，如此sayms.local与sayiis.local的成员计算机都可以通过此台DNS服务器来找到对方。

- **使用不同的DNS服务器，并通过区域转送来复制记录**：请在域sayiis.local的DNS服务器（见图7-3-2右半部）内建立一个名称为sayiis.local的主要区域，并启用动态更新功能，还需要在此台DNS服务器内另外建立一个名称为sayms.local的辅助区域，此区域内的记录需要通过**区域传送**从域sayms.local的DNS服务器（见图7-3-2左半部）复制过来，它让域sayiis.local的成员计算机可以找到域sayms.local的成员计算机。同时也需要在域sayms.local的DNS服务器内另外建立一个名称为sayiis.local的辅助区域，此区域内的记录也需要通过**区域转送**从域sayiis.local的DNS服务器复制过来，它让域sayms.local的成员计算机可以找到域sayiis.local的成员计算机。

图 7-3-2

- **其他情况**：我们前面所搭建的sayms.local域环境是将DNS服务器直接安装到域控制器上，因此其内会自动建立一个DNS区域sayms.local（见图7-3-3中左侧的**Active Directory集成区域**sayms.local）。接下来当要安装sayiis.local的第1台域控制器时，默认也会在这台服务器上安装DNS服务器，并自动建立一个DNS区域sayiis.local（见图7-3-3中右侧的**Active Directory集成区域**sayiis.local），而且还会自动设置转发器来将其他区域（包含sayms.local）的查询**请求**转发给图中左侧的DNS服务器，因此sayiis.local的成员计算机可以通过右侧的DNS服务器来同时查询sayms.local与sayiis.local区域的成员计算机。

图 7-3-3

不过还必须在左侧的DNS服务器内自行建立一个sayiis.local辅助区域，此区域内的记录需要通过**区域转送**从右侧的DNS服务器复制过来，它让域sayms.local的成员计算机可以找到域sayiis.local的成员计算机。

> 也可以在左侧的DNS服务器内，通过**条件转发器**只将sayiis.local的查询转发给右侧的DNS服务器，如此就不需要建立辅助区域sayiis.local，也不需区域转送。注意，由于右侧的DNS服务器已经使用**转发器**配置将sayiis.local之外的所有其他区域的查询转发给左侧的DNS服务器，因此左侧DNS服务器请使用**条件转发器**，而不要使用一般的**转发器**，否则除了sayms.local与sayiis.local两个区域之外，其他区域的查询将会在这两台服务器之间循环。

7.3.2　建立第2棵域树

以下采用图7-3-3的DNS架构来建立林中第2棵域树sayiis.local，且是通过将图7-3-1中dc5.sayiis.local升级为域控制器的方式来建立此域树，这台服务器可以是独立服务器或隶属于其他域的现有成员服务器。

STEP 1 先在图7-3-1右上角的服务器dc5.sayiis.local上安装Windows Server 2022，并将其计算机名称设置为DC5，IPv4地址等配置信息依照图中所示进行设置。注意，将计算机名称设置为DC5即可，等升级为域控制器后，它就会被自动改为dc5.sayiis.local。还有**首选DNS服务器**的IP地址请指定到192.168.8.1，以便通过它来找到林中的**域命名操作主机**（也就是第一台域控制器DC1），等DC5升级为域控制器与安装DNS服务器后，系统会自动将其**首选DNS服务器**的IP地址改为自己的（127.0.0.1）。

STEP 2 打开服务器管理器，单击仪表板处的**添加角色和功能**。

STEP 3 持续单击下一步按钮一直到如图7-3-4所示的界面，勾选**Active Directory域服务**，然后单击添加功能按钮。

图7-3-4

STEP 4 持续单击下一步按钮一直到**确认安装选项**界面，单击安装按钮。

STEP 5 图7-3-5所示为完成安装后的界面，请单击**将此服务器提升为域控制器**。

STEP 6 如图7-3-6所示选择**将新域添加到现有林**，域类型选择**树域**，输入要加入的林名称sayms.local和新**树域**的根域的域名sayiis.local，然后单击更改按钮。

图 7-3-5

图 7-3-6

STEP 7 如图7-3-7所示输入有权限添加域树的用户账户（例如sayms\administrator）与密码后单击<u>确定</u>按钮。回到前一个界面后单击<u>下一步</u>按钮。

图 7-3-7

只有林根域sayms.local内的Enterprise Admins组的成员才有权限建立域树。

STEP 8 完成图7-3-8中的设置后单击<u>下一步</u>按钮：

- **选择新域的功能级别**：此处假设选择默认的Windows Server 2016。
- 默认会直接在此服务器上安装DNS服务器。
- 默认会扮演**全局编录服务器**的角色。

图 7-3-8

- 新域的第一台域控制器不可以是**只读域控制器**（RODC）。
- 选择新域控制器所在的AD DS站点，目前只有一个默认的站点Default-First-Site-Name可供选择。
- 设置**目录服务还原模式**的系统管理员密码（需符合复杂性需求）。

STEP 9 出现如图7-3-9所示的界面表示安装向导找不到父域，因而无法设置父域和将查询sayiis.local的工作委派给此台DNS服务器，然而此sayiis.local为根域，它并不需要通过父域来委派，故直接单击下一步按钮即可。

图 7-3-9

STEP 10 在图7-3-10所示的界面中单击下一步按钮。图中安装向导会为此子域设置一个NetBIOS格式的域名（不区分字母大小写），客户端也可以利用此NetBIOS名称来访问此域的资源。默认NetBIOS域名为DNS域名中第1个句点左侧的文字，例如DNS名称为sayiis.local，NetBIOS名称为SAYIIS。

图 7-3-10

STEP **11** 在图7-3-11所示的界面中可直接单击 下一步 按钮。

图 7-3-11

STEP **12** 在**查看选项**界面中，确认选项无误后单击 下一步 按钮。

STEP **13** 在图7-3-12所示的界面中，如果顺利通过检查，就直接单击 安装 按钮，否则请根据界面提示先排除问题。

图 7-3-12

除了sayms.local的DC1之外，sh.sayms.local的DC3也必须在线，否则无法将跨域的信息（例如架构目录分区、设置目录分区）复制给所有域，因而无法建立sayiis.local域与树状目录。

STEP **14** 安装完成后会自动重启。可在此域控制器上利用域sayiis.local的系统管理员sayiis\administrator 或林根域系统管理员 sayms\administrator 身份登录（但是不能使用 sh\Administrator登录，除非另外被赋予**本地登录**的权限）。

完成域控制器的安装后，因它是此域中的第1台域控制器，故原本此计算机内的**本地**用户账户会被转移到AD DS数据库。它同时也安装了DNS服务器，其内会自动建立如图7-3-13所示的区域sayiis.local，用来提供此区域的查询服务。

图 7-3-13

此DNS服务器会将非sayiis.local的所有其他区域（包含sayms.local）的查询要求通过**转发器**转发给sayms.local的DNS服务器（IP地址为192.168.8.1），因而可以在DNS管理控制台内通过【如图7-3-14所示单击服务器**DC5**⟳单击上方的**属性**⟳单击前景图中的**转发器**选项卡】来查看此设置。

图 7-3-14

这台服务器的**首选DNS服务器**的IP地址会如图7-3-15所示被自动改为指向自己（127.0.0.1），而原本位于**首选DNS服务器**的IP地址（192.168.8.1）会被设置在**备用DNS服务器**处。

我们等一下要到DNS服务器dc1.sayms.local内建立一个辅助区域sayiis.local，以便让域sayms.local的成员计算机可以查询到域sayiis.local的成员计算机。此区域内的记录将通过**区域转送**从dc5.sayiis.local复制过来，不过我们需先在dc5.sayiis.local内进行设置，允许此区域内的记录可以**区域转送**给dc1.sayms.local（192.168.8.1）：【如图7-3-16所示单击区域**sayiis.local**⟳单击上方的**属性**⟳如前景图所示通过**区域转送**选项卡来设置】。

图 7-3-15

图 7-3-16

接下来到dc1.sayms.local这台DNS服务器上添加正向辅助区域sayiis.local（选中**正向查找区域**并右击➲新建区域➲单击 下一步 按钮➲选择**辅助区域**➲输入区域名称sayiis.local），并选择在 192.168.8.11 （dc5.sayiis.local）上执行 **区 域 转 送** 动作，也就是**主 DNS 服 务 器**是192.168.8.11 （dc5.sayiis.local）。图 7-3-17 为完成后的界面，界面右侧的记录是从dc5.sayiis.local通过**区域转送**传送过来的。

图 7-3-17

如果区域sayiis.local前出现红色X符号，请先确认dc5.sayiis.local已允许区域转送给dc1.sayms.local，然后【选中sayiis.local区域并右击➲选择从主服务器传输或从主服务器转送新的副本】（可能需要按 F5 键来重新刷新界面）。

如果要建立图7-3-1中sayiis.local之下的子域hk.sayiis.local，请将dc6.hk.sayiis.local的**首选DNS服务器**指定到dc5.sayiis.local （192.168.8.11）。

7.4　更改域控制器的计算机名称

如果因为公司组织变更或为了让管理工作更为方便，而需要更改域控制器的计算机名称，此时可以使用Netdom.exe程序。必须至少是隶属于Domain Admins组内的用户，才有权限更改域控制器的计算机名称。以下范例假设要将域控制器dc5.sayiis.local改名为dc5x.sayiis.local。

STEP **1** 以系统管理员sayiis\Administrator的身份登录到dc5.sayiis.local➲单击左下角的**开始**图标⊞➲Windows PowerShell➲执行以下命令（见图7-4-1）：

```
netdom  computername  dc5.sayiis.local  /add:dc5x.sayiis.local
```

其中dc5.sayiis.local（主要计算机名称）为目前的旧计算机名称，而dc5x.sayiis.local为新计算机名称，它们都必须是FQDN格式。上述命令会为这台计算机另外新建DNS记录，更改域控制器的计算机名称为dc5x.sayiis.local（NetBIOS计算机名称为DC5X），并更新此计算机账户在AD DS中的SPN（service principal name）属性，也就是在这个SPN属性内同时拥有目前的旧计算机名称与新计算机名称。注意新计算机名称与旧计算机名称的后缀需相同，例如本例都是sayiis.local。

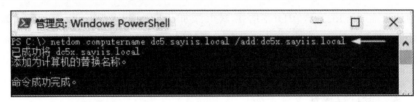

图7-4-1

> SPN是一个包含多重设置值（multivalue）的名称，它是根据DNS主机名来建立的。SPN用来代表某台计算机所支持的服务，其他计算机可以通过SPN来与这台计算机的服务通信。

STEP **2** 可以通过以下方法来查看在AD DS内添加的信息：【按⊞＋ R 组合键➲执行ADSIEDIT.MSC➲选中**ADSI编辑器**并右击➲**连接到**➲直接单击 确定 按钮（采用**默认命令上下文**）➲如图7-4-2背景图所示展开到**CN=DC5**➲单击上方的**属性**图标➲从前景图中可看到另外添加了计算机名称DC5X与dc5x.sayiis.local】。

图7-4-2

STEP **3** 如图7-4-3背景图所示，继续往下浏览到属性**servicePrincipalName**，双击它后可从前景图中看到在SPN属性内，添加了与新计算机名称有关的属性值。

图 7-4-3

STEP 4 上述命令也会在DNS服务器内新建新计算机名称的记录，如图7-4-4所示（可能需等一下或直接手动执行ipconfig /registerdns）。

图 7-4-4

STEP 5 请等候足够的时间，以便将SPN属性复制到此域内的所有域控制器，而且管辖此域的所有DNS服务器都接收到新记录后，再继续删除旧计算机名称的步骤，否则有些客户端通过DNS服务器所查询到的计算机名称可能仍是旧的，同时其他域控制器可能仍是通过旧计算机名称来与这台域控制器通信。因此，如果先执行以下删除旧计算机名称步骤，则它们利用旧计算机名称来与这台域控制器通信时会失败，因为旧计算机名称已经被删除，会找不到这台域控制器。

STEP 6 执行以下命令（见图7-4-5）：

```
netdom computername dc5.sayiis.local /makeprimary:dc5x.sayiis.local
```

此命令会将新计算机名称dc5x.sayiis.local设置为主要计算机名称。

图 7-4-5

STEP **7**　重新启动计算机。

STEP **8**　以系统管理员身份登录到dc5.sayiis.local➲单击左下角的**开始**图标⊞➲Windows PowerShell➲执行以下命令：

```
netdom  computername  dc5x.sayiis.local  /remove:dc5.sayiis.local
```

此命令会将目前的旧计算机名称删除，如图7-4-6所示。在删除此计算机名称之前，客户端计算机可以同时通过新、旧计算机名称来找到这台域控制器。

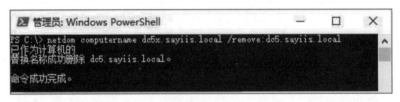

图 7-4-6

虽然也可以直接通过【打开**服务器管理器**➲单击**本地服务器**➲单击**计算机名称**处的计算机名称DC5➲如图7-4-7所示单击 更改 按钮】的方法来更改计算机名称，但是这种方法会将目前的旧计算机名称直接删除，换成新计算机名称，也就是新旧计算机名称不会并存一段时间。通常计算机账户的新SPN属性与新DNS记录会延迟一段时间后才复制到其他域控制器与DNS服务器，在这段时间内，有些客户端在通过这些DNS服务器或域控制器来寻找这台域控制器时，仍然会使用旧计算机名称，但是因为旧计算机名称已经被删除，所以会找不到这台域控制器，因此建议还是采用**netdom**命令来更改域控制器的计算机名称。

图 7-4-7

也可以利用Rendom.exe等相关命令来更改域名，不过步骤比较烦琐，有需要，可参考微软网站上的说明文件。

7.5 删除子域与域树

我们将利用图7-5-1中左下角的域sh.sayms.local来说明如何删除子域，同时利用右侧的域sayiis.local来说明如何删除域树。删除的方式是将域中的最后一台域控制器降级，也就是将AD DS从该域控制器中删除。至于如何删除额外域控制器dc2.sayms.local与林根域sayms.local，已经在第2章介绍过了，此处不再重复。

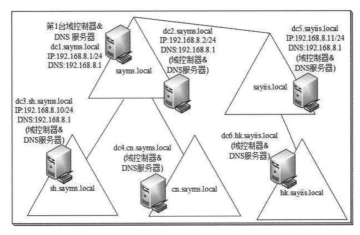

图 7-5-1

必须是Enterprise Admins组内的用户才有权限来删除子域或域树。由于删除子域与删除域树的步骤类似，因此以下以删除子域sh.sayms.local为例来进行说明，而且假设图中的dc3.sh.sayms.local是这个域中的最后一台域控制器。

STEP **1** 利用sayms\Administrator身份（Enterprise Admins组的成员）登录到域控制器dc3.sh.sayms.local上➲打开**服务器管理器**➲选择图7-5-2中**管理**菜单下的**删除角色和功能**。

图 7-5-2

STEP **2** 持续单击下一步按钮一直到出现如图7-5-3所示的界面，取消勾选**Active Directory域服务**，然后单击删除功能按钮。

图 7-5-3

STEP 3 出现图7-5-4的界面时，单击**将此域控制器降级**。

图 7-5-4

STEP 4 在图7-5-5所示的界面中勾选**域中的最后一个域控制器**（因为DC3是此域的最后一台域控制器）。由于目前登录的用户为sayms\Administrator，他有权删除此域控制器，因此请单击下一步按钮，否则还需单击更改按钮来输入另一个有权限的账户与密码。

图 7-5-5

如果因故无法删除此域控制器，可以勾选图中的**强制删除此域控制器**。

STEP 5 在图7-5-6所示的界面中勾选**继续删除**后单击下一步按钮。

图 7-5-6

STEP **6** 出现图7-5-7所示的界面时，可如图所示来勾选。由于图中选择将DNS区域删除，因此也需将父域（sayms.local）内的DNS域区域（sh，参见图7-2-14）一并删除，也就是勾选**删除DNS委派**。单击 下一步 按钮。

图 7-5-7

如果没有权限删除父域的DNS委派区域，则通过单击 更改 按钮来输入Enterprise Admins内的用户账户（例如sayms\Administrator）与密码。

STEP **7** 在图7-5-8所示的界面中为这台即将被降级为独立服务器的计算机设置其本地Administrator的新密码（需符合密码复杂性需求），然后单击 下一步 按钮。

图 7-5-8

STEP **8** 在**查看选项**界面中，确认选项无误后单击 降级 按钮。

STEP **9** 完成后会自动重新启动计算机，请重新登录。

> 虽然此服务器已经不再是域控制器了，不过其**Active Directory域服务**组件仍然存在，并没有被删除，因此如果之后要将它升级为域控制器，请单击**服务器管理器**上方的旗帜符号，单击**将此服务器升级为域控制器**（可参考图7-2-3）。以下我们将继续执行删除**Active Directory域服务**组件的步骤。

STEP **10** 在**服务器管理器**中选择**管理**菜单下的**删除角色和功能**。

STEP **11** 持续单击 下一步 按钮一直到出现如图7-5-9所示的界面，取消勾选**Active Directory域服务**，单击 删除功能 按钮。

图 7-5-9

STEP **12** 回到**删除服务器角色**界面时，确认**Active Directory域服务**已经被取消勾选（也可以一并取消勾选**DNS服务器**），然后单击 下一步 按钮。

STEP **13** 出现**删除功能**界面时，单击 下一步 按钮。

STEP **14** 在**确认删除选项**界面中单击 删除 按钮。

STEP **15** 完成后，重新启动计算机。

第8章　管理域与林的信任

两个域之间具备信任关系后，双方的用户便可以访问对方域内的资源，使用对方域的成员计算机进行登录。

8.1 域与林的信任概述

信任是两个域之间沟通的桥梁，两个域相互信任之后，双方的用户便可以访问对方域内的资源，使用对方域的成员计算机进行登录。

8.1.1 信任域与受信任域

以图8-1-1来说，当A域信任B域后：

图 8-1-1

- A域被称为**信任域**、B域被称为**受信任域**。
- B域的用户只要具备适当的权限，就可以访问A域内的资源，例如文件、打印机等，因此A域被称为**资源域**（resources domain），而B域被称为**账户域**（accounts domain）。
- B域的用户可以到A域的成员计算机上登录。

> 但是A域的用户却不可以访问B域内的资源，也不可以到B域的成员计算机上登录，除非B域也信任A域。

- 图中的信任关系是**A域信任B域**的**单向信任**（one-way trust），如果B域也同时信任A域，则我们将它称为**双向信任**（two-way trust），此时双方都可以访问对方的资源，也可以使用对方的成员计算机进行登录。

8.1.2 跨域访问资源的流程

当用户在某台计算机登录时，系统必须验证用户身份，而在验证身份的过程中，除了需确认用户名称与密码无误外，系统还会替用户建立一个**access token**（访问令牌），其内包含着该用户账户的SID（Security Identifier）、用户所隶属的所有组的SID等数据。用户取得这个access token后，当他要访问本地计算机内的资源时（例如文件），便会出示access token，而系统会根据access token内的SID数据来决定用户拥有何种权限。

负责验证用户身份的服务是Local Security Authority（LSA），而验证用户身份的方法分为Kerberos与NTLM两种。

同理当用户连接网络上的其他计算机时，这台计算机也会替该用户建立一个access token，而当用户要访问此网络计算机内的资源时（例如共享文件夹），便会出示access token，这台网络计算机便会根据access token内的SID数据来决定用户拥有何种访问权限。

由于access token是在登录（本地登录或网络登录）时建立的，如果是在用户登录成功之后才将用户加入组，此时该access token内并没有包含这个组的SID，因此用户也不会具备该组所拥有的权限。用户必须注销再重新登录，以便重新建立一个内含这个组SID的access token。

图8-1-2为一棵域树，图中父域（sayms.local）与两个子域（sh.sayms.local与cn.sayms.local）之间有着双向信任关系。我们利用此图来解释域信任与用户身份验证之间的关系，而且是要通过**子域cn.sayms.local信任根域sayms.local、根域sayms.local信任子域sh.sayms.local**这条信任路径（trust path），来解释当位于子域sh.sayms.local内的用户george要访问另外一个子域cn.sayms.local内的资源时，系统是如何验证用户身份与来建立access token的。

图8-1-2

图中george是子域sh.sayms.local的用户，而ServerA位于另外一个子域cn.sayms.local内，当george要访问共享文件夹\\ServerA\tools时，george的计算机需先取得一个用来与ServerA通信的**service ticket**（服务票证）。george的计算机取得service ticket并与ServerA通信成功后，ServerA会发放一个access token给george，以便让george利用这个access token来访问位于ServerA内的资源。以下详细说明其流程（请参照图8-1-2中的数字）：

（1）george利用所属域sh.sayms.local内的用户账户登录。当george在客户端A登录时，会由其所属域的域控制器DC1来负责验证george的用户名称与密码，同时发放一个Ticket-Granting-Ticket（TGT，索票凭证）给george，以便让george利用TGT来索取一个用来与ServerA通信的service ticket。用户george登录成功后，开始访问共享文件夹\\ServerA\tools的流程。

> 可以将TGT视为**通行证**，用户必须拥有TGT后才可以索取service ticket。

（2）客户端A开始向所属域内扮演Key Distribution Center（KDC）角色的域控制器DC1索取一个用来与服务器ServerA通信的service ticket。

（3）域控制器DC1检查其数据库后，发现ServerA并不在它的域内（sh.sayms.local），因此转向全局编录服务器来查询ServerA是位于哪一个域内。

全局编录服务器根据其AD DS数据库的记录得知服务器ServerA是位于子域cn.sayms.local内，便将此信息告知域控制器DC1。

（4）域控制器DC1得知ServerA是位于域cn.sayms.local后，就会根据信任路径，通知客户端A去找信任域sayms.local的域控制器DC2。

（5）客户端A向域sayms.local的域控制器DC2查询域cn.sayms.local的域控制器。域控制器DC2通知客户端A去找域控制器DC3。

（6）客户端A向域控制器DC3索取一个能够与ServerA通信的service ticket。域控制器DC3发放service ticket给客户端A。

（7）客户端A取得service ticket后，会将service ticket传送给ServerA。ServerA读取service ticket内的用户身份数据后，会根据这些数据来建立access token，然后将access token传给用户george。

从上面的流程可知，当用户要访问另外一个域内的资源时，系统会根据信任路径依序跟每一个域内的域控制器交互，然后获取access token，并依据access token内的SID数据来决定用户拥有何种权限。

8.1.3 信任的种类

总共有6 种类型的信任关系，如表8-1-1所示，其中前面两种是在新建域时由系统自动建立的，其他4种必须自行手动建立。

表8-1-1　信任类型

信任类型名称	传 递 性	单向或双向
父－子（parent-child）	是	双向
树状－根目录（tree-root）	是	双向
快捷方式（shortcut）	是（部分）	单向或双向
林（forest）	是（部分）	单向或双向
外部（external）	否	单向或双向
领域（realm）	是或否	单向或双向

1. 父－子信任

同一个域树中，父域与子域之间的信任关系称为**父－子信任**，例如图8-1-3中的sayms.local与sh.sayms.local之间、sayms.local与cn.sayms.local之间、sayiis.local与hk.sayiis.local之间，这个信任关系是自动建立的，也就是说当在域树内新建一个子域后，此子域便会自动信任其上一层的父域，同时父域也会自动信任这个新的子域，而且此信任关系具备**双向可传递性**（相关说明可参考第1章）。

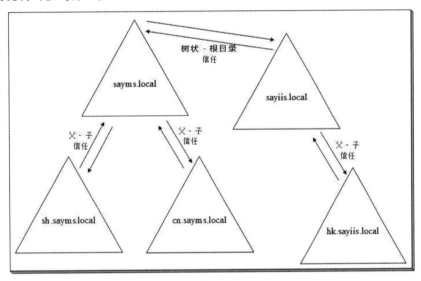

图8-1-3

2. 树状－根目录信任

同一个林中，林根域（例如图8-1-3中的sayms.local）与其他域树的根域（例如图中的sayiis.local）之间的信任关系被称为**树状－根目录信任**。

此信任关系是自动建立的，也就是说当在现有林中新建一个域树后，**林根域**与这个新**域树根域**之间会自动相互信任对方，而且这些信任关系具备**双向可传递性**，因此双方的所有域之间都会自动双向信任。

3. 快捷方式信任

快捷方式信任可以缩短验证用户身份的时间。例如图8-1-4中域cn.sayms.local内的用户经常需要访问域hk.sayiis.local内的资源，如果按照一般验证用户身份所走的信任路径，就必然会浪费时间经过域sayiis.local与sayms.local，然后再传给cn.sayms.local的域控制器来验证，此时如果我们在域cn.sayms.local与hk.sayiis.local之间建立一个**快捷方式信任**，也就是让域hk.sayiis.local直接信任cn.sayms.local，则域hk.sayiis.local的域控制器在验证域cn.sayms.local的用户身份时，就可以跳过域sayiis.local与sayms.local，也就是直接传给域cn.sayms.local的域控制器来验证，如此便可以节省时间。

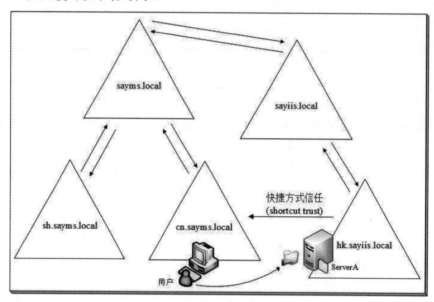

图 8-1-4

可以自行决定要建立单向还是双向快捷方式信任，例如图8-1-4中的**快捷方式信任**是单向的，也就是**域hk.sayiis.local信任域cn.sayms.local**，它让域cn.sayms.local的用户在访问域hk.sayiis.local内的资源时，可以走**快捷方式信任**的路径来验证用户的身份。由于是单向快捷方式信任，因此反过来域hk.sayiis.local的用户在访问域cn.sayms.local内的资源时，却无法走这个**快捷方式信任**的路径，除非域cn.sayms.local也**快捷方式信任**域hk.sayiis.local。

快捷方式信任仅有部分可传递性，也就是它只会向下延伸，不会向上延伸，以图8-1-5来说，图中在D域建立一个**快捷方式信任**到F域，这个快捷方式信任会自动向下延伸到G域，因此D域的域控制器在验证G域的用户身份时，可以走【D域→F域→G域】的快捷方式路径。然而D域的域控制器在验证E域的用户身份时，仍然需走【D域→A域→E域】的路径，也就是通过父—子信任【D域→A域】与**树状—根**目录信任【A域→E域】的路径。

4. 林信任

两个林之间可以通过**林信任**来建立信任关系，以便让不同林内的用户可以相互访问对方的资源。可以自行决定要建立单向还是双向的信任关系，例如图8-1-6中我们在两个林sayms.local与say365.local之间建立了双向信任关系，由于**林信任**具备**双向可传递性**的特性，因此会让两个林中的所有域之间都相互信任，也就是说所有域内的用户都可以访问其他域内的资源，不论此域是位于哪一个林内。

图 8-1-5

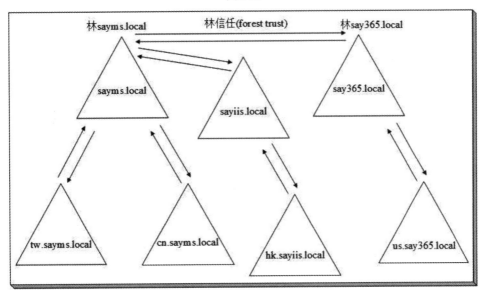

图 8-1-6

林信任仅有部分可传递性，也就是说两个林之间的**林信任**关系并无法自动延伸到其他林，例如虽然在林A与林B之间建立了**林信任**，同时也在林B与林C之间建立了**林信任**，但是林A与林C之间并不会自动有信任关系。

5. 外部信任

分别位于两个林内的域之间可以通过**外部信任**来建立信任关系。可以自行决定要建立单向还是双向信任关系。例如图8-1-7中两个林sayms.local与sayexg.local之间原本并没有信任关系，但是我们在域sayiis.local与域sayexg.local之间建立了双向的**外部信任**关系。由于**外部信任**并不具备**可传递性**，因此图中除了sayiis.local与sayexg.local之间外，其他例如sayiis.local与uk.sayexg.local、hk.sayiis.local与uk.sayexg.local等之间并不具备信任关系。

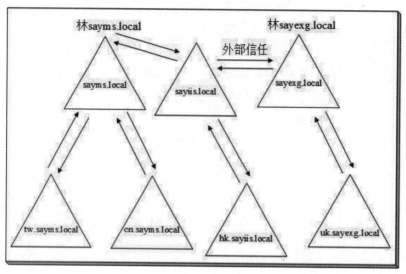

图 8-1-7

6. 领域信任

AD DS域可以与非**Windows系统**（例如UNIX）的Kerberos领域之间建立信任关系，这个信任关系称为**领域信任**。这种跨平台的信任关系，让AD DS域能够与其他Kerberos系统相互通信。**领域信任**可以是单向或双向，而且可以从**可传递性**切换到**不可传递性**，也可以从**不可传递性**切换到**可传递性**。

8.1.4 建立信任前的注意事项

前面6种信任关系中，**父－子信任**是在新建子域时自动建立的，而**树状－根目录信任**则是在新建域树时自动建立的，其他的4种信任关系必须手动建立。请先了解以下事项，以减少在建立信任关系时的困扰：

- 建立信任就是在两个不同域之间建立沟通桥梁，从域管理的角度来看，两个域各需要有一个拥有适当权限的用户，在各自域中分别做一些设置，以完成双方域之间信任关系的建立工作。其中**信任域**一方的系统管理员，需要为此信任关系建立一个**传出信任**（outgoing trust）；而**受信任域**一方的系统管理员，则需要为此信任关系建立一个**传入信任**（incoming trust）。**传出信任**与**传入信任**可视为此信任关系的两个端点。

- 以建立图8-1-8中**A域信任B域**的单向信任来说，我们需在A域建立一个**传出信任**，相对地也需在B域建立一个**传入信任**。也就是说在A域建立一个**传出到**B域的信任，同时相对地也需在B域建立一个让A域**传入**的信任。

  在利用**新建信任向导**来建立图中的单向信任关系时，可以选择先单独建立A域的**传出信任**，然后再另外单独建立B域的**传入信任**；或是选择同时建立A域的**传出信任**与B域的传入信任：

图 8-1-8

- ◆ 如果是分别单独建立这两个信任，则需要在A域的**传出信任**与B域的**传入信任**设置相同的信任密码。

- ◆ 如果是同时建立这两个信任，则在信任过程中并不需要设置信任密码，但需要这两个域都拥有适当权限，默认是Domain Admins或Enterprise Admins组的成员拥有此权限。

- 以建立图8-1-9的**A域信任B域，同时B域也信任A域**的双向信任来说，我们必须在A域同时建立**传出信任**与**传入信任**，其中的**传出信任**用来让A域信任B域，而**传入信任**用来让B域信任A域。相对地也必须在B域建立**传入信任**与**传出信任**。

图 8-1-9

在利用**新建信任向导**来建立图中的双向信任关系时，可以单独先建立A域的**传出信任**与**传入信任**，然后再另外单独建立B域的**传入信任**与**传出信任**；或选择同时建立A域与B域的**传入信任**、**传出信任**：

- ◆ 如果是分别单独建立A域与B域的**传出信任**、**传入信任**，则需要在A域与B域设置相同的信任密码。

- ◆ 如果是同时建立A域与B域的**传出信任**、**传入信任**，则在信任过程中并不需要设置信任密码，但需要这两个域都拥有适当的权限，默认是Domain Admins或Enterprise Admins组的成员拥有此权限。

- 两个域之间在建立信任关系时，相互之间可以利用DNS名称或NetBIOS名称来指定对方的域名：

- ◆ 如果是利用DNS域名，则相互之间需通过DNS服务器来查询对方的域控制器。

◆ 如果两个域的域控制器是位于同一个网络内，则还可以利用NetBIOS域名来查询对方的域控制器（它采用广播来查询，但是广播无法跨越到另外一个网络）。

● 除了利用**新建信任向导**来建立两个域或林之间的信任外，也可以利用**netdom trust**命令来新建、删除或管理信任关系。

8.2 建立快捷方式信任

以下利用建立图8-2-1中域hk.sayiis.local信任域cn.sayms.local的单向快捷方式信任来进行说明。请务必先阅读8.1节中**建立信任前的注意事项**的说明后，再继续以下步骤。

图 8-2-1

我们将图8-2-1重新简化为图8-2-2，图中我们必须在域hk.sayiis.local建立一个**传出信任**，相对地也必须在域cn.sayms.local建立一个**传入信任**。我们以同时建立域hk.sayiis.local的**传出信任**与域cn.sayms.local的**传入信任**为例来进行说明。

图 8-2-2

STEP **1** 以下假设是要在左侧受信任域cn.sayms.local的域控制器dc4.cn.sayms.local 上，用Domain Admins（cn.sayms.local）或Enterprise Admins（sayms.local）组内的用户登录并建立信任。

STEP 2 打开服务器管理器⊃单击右上角的工具⊃**Active Directory**域和信任。

STEP 3 如图8-2-3所示【单击域**cn.sayms.local**⊃单击上方的**属性**图标】。

图 8-2-3

STEP 4 在图8-2-4所示的界面中单击**信任**选项卡，单击 新建信任 按钮。

> 由图中的上半段可以看出，域cn.sayms.local已经信任其父域sayms.local；同时从图中下半段可以看出，域 cn.sayms.local 也已经被其父域 sayms.local 所信任。也就是说域cn.sayms.local与其父域sayms.local之间已经自动有双向信任关系，它就是**父－子信任**。

STEP 5 出现**欢迎使用新建信任向导**界面时，单击 下一步 按钮。

STEP 6 在图8-2-5所示的界面中输入对方域的DNS域名hk.sayiis.local（或 NetBIOS 域名HK）。完成后单击 下一步 按钮。

图 8-2-4

图 8-2-5

STEP 7 在图8-2-6所示的界面中选择**单向：内传**，表示我们要建立如图8-2-2所示的单向快捷方式信任中的左侧域cn.sayms.local的**传入信任**。完成后单击 下一步 按钮。

STEP 8 在图8-2-7所示的界面中选择**此域和指定的域**，也就是除了要建立图8-2-2中左侧域cn.sayms.local的**传入信任**之外，同时也要建立右侧域hk.sayiis.local的**传出信任**。完成后单击 下一步 按钮。

图 8-2-6 图 8-2-7

如果选择只是这个域，则必须事后另外再针对域hk.sayiis.local建立一个传出到域
cn.sayms.local的**传出信任**。

STEP **9** 在图8-2-8所示的界面中输入对方域（hk.sayiis.local）的Domain Admins组内的用户
名称与密码（图中使用hk\administrator），或sayms.local内Enterprise Admins组内的
用户名称与密码。完成后单击 下一步 按钮。

图 8-2-8

如果要输入Enterprise Admins组内的用户账户，则在用户名称之前输入林根域的域名，例
如 sayms\administrator 或 sayms.local\ administrator，其中的 sayms 为林根域的 NetBIOS 域
名，而sayms.local为其DNS域名。

STEP **10** 在图8-2-9所示的界面中单击 下一步 按钮。

STEP **11** 在图8-2-10所示的界面中单击 下一步 按钮。

STEP **12** 可以在图8-2-11所示的界面中选择**是，确认传入信任**，以便确认cn.sayms.local的传
入信任与hk.sayiis.local的**传出信任**两者都已经建立成功，也就是要确认此**单向快捷
方式信任**已经建立成功。完成后单击 下一步 按钮。

图 8-2-9

图 8-2-10

图 8-2-11

如果分别单独建立域cn.sayms.local的**传入信任**与hk.sayiis.local的**传出信任**，则在确认这两个信任关系都已建立完成后，再选择是，**确认传入信任**。

STEP 13 出现**正在完成新建信任向导**界面时，单击完成按钮。

图8-2-12为完成建立单向快捷方式信任后的界面，表示在域cn.sayms.local中有一个从域hk.sayiis.local来的**传入信任**，也就是说域cn.sayms.local是被域hk.sayiis.local信任的**受信任域**。

图 8-2-12

同时在域hk.sayiis.local中也会有一个连接到域cn.sayms.local的**传出信任**，也就是说域hk.sayiis.local是域cn.sayms.local 的**信任域**，可以通过【如图8-2-13所示单击sayiis.local之下的域hk.sayiis.local➥单击上方的**属性**图标➥单击**信任**选项卡】的方法来查看此设置。

图 8-2-13

8.3 建立林信任

以下利用建立图8-3-1中林sayms.local与林say365.local之间的双向**林信任**来进行说明（为降低复杂度，此图省略绘出之前的域树sayiis.local）。

图 8-3-1

我们将图8-3-1重新简化为图8-3-2，图中需要在林根域sayms.local建立**传出信任**与**传入信任**，相对地也需要在林根域say365.local建立**传入信任**与**传出信任**。

图 8-3-2

8.3.1 建立林信任前的注意事项

在建立**林信任**之前，请先注意以下事项：

- 请务必先了解8.1节**建立信任前的注意事项**中的内容。

- 两个林之间需要通过DNS服务器来找到对方林根域的域控制器。以图8-3-2来说，必须确定在域sayms.local中可以通过DNS服务器找到域say365.local的域控制器，同时在域say365.local中也可以通过DNS服务器来找到域sayms.local的域控制器：

图 8-3-3

- 如果两个林根域使用同一台DNS服务器，也就是此DNS服务器内同时有sayms.local与say365.local区域，则双方都可以通过此DNS服务器来找到对方的域控制器。

- 如果两个林根域不是使用同一台DNS服务器，则可以通过**条件转发器**（conditional forwarder）来达到目的，例如在sayms.local的DNS服务器中指定将say365.local的查询请求转发给say365.local的DNS服务器（参见图8-3-3，图中假设域say365.local的DNS服务器IP地址为192.168.8.21），同时也请在say365.local的DNS服务器中指定将sayms.local的查询请求转发给sayms.local的DNS服务器（192.168.8.1）。

以下练习采用这种方式，因此请先完成**条件转发器**的配置，再分别到sayms.local与say365.local的域控制器上，利用ping对方区域内主机名的方式来测试**条件转发器**的功能是否正常。

- 如果两个林根域不是使用同一台DNS服务器，则还可以通过**辅助区域**来达成目的，例如在sayms.local的DNS服务器上建立一个名称为say365.local的辅助区域，其数据是从say365.local的DNS服务器上通过**区域转送**复制过来的；同时也在say365.local的DNS服务器上建立一个名称为sayms.local的辅助区域，其数据是从sayms.local的DNS服务器上通过**区域转送**复制过来的。

8.3.2 开始建立林信任

我们将在林sayms.local与say365.local之间建立一个双向的**林信任**，也就是说我们将为林sayms.local建立**传出信任**与**传入信任**，同时也为林say365.local建立相对的**传入信任**与**传出信任**。

请先另外建立林say365.local与域控制器dc7.say365.local，并确认前述DNS服务器的**条件转发器**设置已经完成。

STEP **1** 以下假设是要在图8-3-2中左侧林根域sayms.local的域控制器dc1.sayms.local上，利用Domain Admins或Enterprise Admins组内的用户登录与建立信任。

STEP **2** 打开**服务器管理器**➲单击右上角的**工具**➲**Active Directory域和信任关系**。

STEP **3** 如图8-3-4所示【单击域**sayms.local**➲单击上方的**属性**图标】。

图 8-3-4

STEP **4** 在图8-3-5所示的界面中选择**信任**选项卡，单击**新建信任**按钮。

图 8-3-5

从图 8-3-5 的上半段可以看出，域 sayms.local 已经信任其子域 cn.sayms.local 与 sh.sayms.local，同时也信任了另一个域树的根域sayiis.local；从图中的下半段可看出，域 sayms.local已经被其子域cn.sayms.local与sh.sayms.local信任，同时也被另外一个域树的根域 sayiis.local信任。也就是说，域sayms.local与其子域之间已经自动有了双向**父－子信任**关系，域sayms.local与域树sayiis.local之间也已经自动有了双向**树状－根目录信任**关系。

STEP 5 在图8-3-6所示的界面中单击 下一步 按钮。图中支持的信任关系包含了我们需要的林信任（图中最下方的**另一个林**）。

图 8-3-6

STEP 6 在图 8-3-7所示的界面中输入对方域的DNS域名 say365.local（或 NetBIOS 域名 SAY365）后单击 下一步 按钮。

图 8-3-7

STEP 7 在图8-3-8所示的界面中选择**林信任**后单击 下一步 按钮。

如果图中选择**外部信任**，也可以在sayms.local与say365.local之间建立信任关系，不过它不具备**可传递性**，然而本练习的**林信任**有**可传递性**。

STEP 8 在图8-3-9所示的界面中选择**双向**后单击 下一步 按钮，表示我们要同时建立图8-3-2中左侧域sayms.local的**传出信任**与**传入信任**。

图 8-3-8

图 8-3-9

STEP 9 在图8-3-10所示的界面中选择**此域和指定的域**，也就是除了要建立图8-3-2左侧域 sayms.local的**传出信任**与**传入信任**之外，同时也要建立右侧域say365.local的**传入信任**与**传出：信任**。

图 8-3-10

如果选择**只是这个域**，则必须事后另外再针对域say365.local来建立与域sayms.local之间的**传入信任**与**传出信任**。

STEP **10** 在图8-3-11所示的界面中输入对方林根域（say365.local）内Domain Admins或
Enterprise Admins组的用户名称与密码后单击 下一步 按钮。

图 8-3-11

STEP **11** 在图8-3-12所示的界面中选择如何验证另一个林（say365.local）的用户身份：

图 8-3-12

- **全林性身份验证**：表示要验证另一个林（say365.local）内所有用户的身份。用户只
  要验证成功，就可以在本林内（sayms.local）访问所拥有权限的资源。
- **选择性身份验证**：此时另一个林内只有被选择的用户（或组）才会被验证身份，其
  他用户会被拒绝。被选择的用户只要验证成功，就可以在本林内访问所拥有权限的
  资源。选择用户的方法后述。

STEP **12** 图8-3-13所示的界面是用来设置当本林（sayms.local）中的用户要访问另外一个林
（say365.local）内的资源时，如何来验证用户身份。

STEP **13** 在图8-3-14所示的界面中单击 下一步 按钮。

STEP **14** 在图8-3-15所示的界面中单击 下一步 按钮。

路由名称后缀（routing name suffixes）是什么呢？图8-3-15中显示本林会负责验证的
后缀为sayms.local与sayiis.local，因此当本林中的用户利用UPN名称（例如
george@sayms.local，其后缀为sayms.local）在对方林中登录或访问资源时，对方就
会将验证用户身份的工作转到本林来执行，也就是根据后缀来将验证用户身份的工
作转到（路由到）本林。

图 8-3-13

图 8-3-14

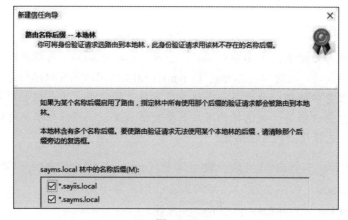

图 8-3-15

图8-3-15表示本林支持 *.sayiis.local 与 *.sayms.local 后缀， 也就是 sayms.local、
sh.sayms.local、 cn.sayms.local、 sayiis.local、 hk.sayiis.local 等都是本林所支持的后
缀，用户的UPN后缀只要是上述之一，则验证工作就会转给本林来执行。如果不想
让对方林将特定后缀的验证转到本林，可在图中取消勾选该后缀。

STEP 15 在图8-3-16所示的界面中单击 下一步 按钮。

图 8-3-16

STEP **16** 可以在图 8-3-17 所示的界面中选择**是，确认传出信任**，以便确认图 8-3-2 中 sayms.local 的**传出信任**与 say365.local 的**传入信任**这一组单向的信任建立成功。

图 8-3-17

如果是分别单独建立域 sayms.local 的**传出信任**与域 say365.local 的**传入信任**，则在确认这两个信任关系都已经建立完成后，再选择**是，确认传出信任**。

STEP **17** 可以在图 8-3-18 所示的界面中选择**是，确认传入信任**，以便确认图 8-3-2 中 sayms.local 的**传入信任**与 say365.local 的**传出信任**这一组单向的信任建立成功。

图 8-3-18

STEP **18** 在图 8-3-19 所示的界面中单击 完成 按钮。

图 8-3-20 为完成建立双向**林信任**后的界面，图上方表示在域 sayms.local 中有一个传出到域 say365.local 的传出信任，也就是说域 sayms.local 信任域 say365.local；图下方表示在域 sayms.local 中有一个从域 say365.local 来的传入信任，也就是说域 sayms.local 被域 say365.local 信任。

图 8-3-19　　　　　　　　　　　　　　　　图 8-3-20

也可以到林say365.local的域控制器上通过【打开**服务器管理器**➲单击右上角的**工具**➲**Active Directory域和信任关系**➲如图8-3-21所示单击**say365.local**➲单击上方的**属性**图标➲选择**信任**选项卡】来查看这个双向信任。图8-3-21前景图上方表示在域say365.local中有一个传出到域sayms.local的传出信任，也就是说域say365.local信任域sayms.local；图下方表示在域say365.local中有一个从域sayms.local来的传入信任，也就是说域say365.local被域sayms.local信任。

图 8-3-21

8.3.3 "选择性身份验证"设置

如果在图8-3-12中选择的是**选择性身份验证**，则需要在本林内的计算机上，将**允许身份验证**（Allowed to Authenticate）权限授予另外一个林内的用户（或组），只有当拥有**允许身份验证**权限的用户来连接此计算机时才会被验证身份，而在验证成功后，该用户便有权来访问此计算机内的资源。以下假设**信任林**为sayms.local，而**受信任林**为say365.local。

STEP **1** 请到**信任林**（sayms.local）内的域控制器dc1.sayms.local上【打开**服务器管理器**➜单击右上角的**工具**➜**Active Directory管理中心**➜如图8-3-22所示双击要设置的计算机账户（假设是Win11PC1）】。

图 8-3-22

STEP **2** 如图8-3-23所示单击**扩展**区段中的**安全**选项卡下的添加按钮。

图 8-3-23

STEP **3** 在图8-3-24所示的界面中单击位置按钮，选择对方林say365.local后单击确定按钮。

图 8-3-24

STEP 4 在图8-3-25所示的界面中的**查找位置**已被改为say365.local，接着请通过单击 高级 按钮来选择say365.local内的用户或组，图中是已经完成选择后的界面，而所选的用户为Robert。单击 确定 按钮。

图 8-3-25

STEP 5 如图8-3-26所示在**允许身份验证**的右侧勾选**允许**后单击 确定 按钮。

图 8-3-26

8.4 建立外部信任

以下利用建立图8-4-1中林sayms.local与林sayexg.local之间的双向**外部信任**来进行说明（为了降低复杂度，此图省略绘出之前的域树sayiis.local、林say365.local）。

我们将图重新简化为图8-4-2，图中我们要在林根域sayms.local建立**传出信任**与**传入信任**，相对地也要在林根域sayexg.local建立**传入信任**与**传出信任**。

图 8-4-1

图 8-4-2

外部信任的注意事项、DNS服务器设置、建立步骤等与**林信任**相同，此处不再重复，不过在建立**外部信任**时需如图8-4-3所示选择**外部信任**。

图 8-4-3

此外，会在向导的最后显示如图8-4-4所示的界面，表示系统默认会自动启用安全识别符**SID筛选**（SID filter quarantining）功能，它可以增加安全性，避免入侵者通过**SID历史**（SID history）取得**信任域**内不该拥有的权限。

图 8-4-4

图8-4-5为完成**外部信任**的建立后，在**信任域**sayms.local所看到的界面；图8-4-6为在**受信任域**sayexg.local所看到的界面。

图 8-4-5

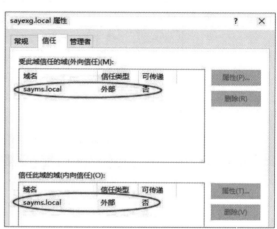

图 8-4-6

8.5 管理与删除信任

8.5.1 信任的管理

如果要更改信任设置：【如图8-5-1所示选中要管理的传出信任或传入信任➲单击 属性 按钮】，然后通过前景图的选项卡来管理信任关系。

1. 验证信任关系

如果对方域支持Kerberos AES加密，则可勾选图8-5-1中的**其他域支持Kerberos AES加密**。如果要重新确认与对方域或林之间的信任关系是否仍然有效，请单击 验证 按钮。如果对方域或林内有新子域，则此 验证 按钮也可以同时更新**名称后缀路由**（name prefix routing，详见图8-3-15的说明）的信息。

图 8-5-1

2. 更改"名称后缀路由"设置

当用户的UPN（例如george@say365.local）后缀隶属于指定林时，用户身份的验证工作会转给此林的域控制器。图8-5-2中的**名称后缀路由**选项卡用来更改所选林的名称后缀路由，例如如果要停止将后缀为say365.local的验证转给林say365.local，则在图8-5-2中选中该林后缀后单击禁用按钮。

图 8-5-2

如果该林内包含多个后缀（例如say365.local、us.say365.local），而只是要停止将其中部分后缀验证工作转给该林：【单击图8-5-2中的编辑按钮⊃在图8-5-3中选中要禁用的名称后缀（图中假设有us.say365.local存在）⊃单击禁用按钮】。

图 8-5-3

另外为了避免**后缀名称冲突**现象的发生，此时可以通过图8-5-3上方的 添加 按钮来将后缀排除。何谓**后缀名称冲突**现象？举例来说，图8-5-4中林sayms.local与林say365.local之间建立了双向林信任、林say365.local与林jp.say365.local（注意，是林，不是子域！）之间也建立了双向林信任、林sayms.local与林jp.say365.local之间建立了单向林信任。林sayms.local默认会将后缀为*.say365.local的身份验证工作转给林say365.local来执行，包含后缀say365.local与jp.say365.local，可是因为两个林之间的**林信任**关系无法自动延伸到其他第3个林，所以当林say365.local收到后缀为jp.say365.local的身份验证要求时，并不会将它转发给林jp.say365.local。

图 8-5-4

解决上述问题的方法是在林sayms.local中将后缀jp.say365.local排除，【在图8-5-5所示的界面中单击 添加 按钮➲输入后缀jp.say365.local➲单击 确定 按钮】，如此林sayms.local就不会将后缀是jp.say365.local的身份验证要求转给林say365.local，而是直接转给林jp.say365.local（因为图8-5-4中林sayms.local与林jp.say365.local之间有单向林信任）。

3. 更改身份验证方法

如果要更改身份验证方法，那么可以通过图8-5-6的**身份验证**选项卡来进行设置。

图 8-5-5

图 8-5-6

8.5.2 删除信任

可以将**快捷方式信任**、**林信任**、**外部信任**、**领域信任**等手动建立的信任删除，然而系统自动建立的**父－子信任**与**树状－根目录信任**不可以删除。

我们以图 8-5-7 为例来说明如何删除信任，而且是要删除图中林 sayms.local 信任 say365.local 这个单向的信任，但是保留林 say365.local 信任 sayms.local。

图 8-5-7

STEP **1**　如图8-5-8所示【单击域sayms.local➜单击上方的**属性**图标】。

图 8-5-8

STEP **2**　在图8-5-9所示的界面中【单击**信任**选项卡➜选中**受此域信任的域（外向信任）**之下的域say365.local】，也就是选择图8-5-7左侧域sayms.local的**传出信任**，然后单击删除按钮。

STEP **3**　在图8-5-10所示的界面中可以选择：

- **不，只从本地域删除信任**：也就是只删除图8-5-7左侧域sayms.local的传出信任。
- **是，从本地域和另一个域中删除信任**：也就是同时删除图8-5-7左侧域sayms.local的传出信任与右侧域say365.local的传入信任。如果选择此选项，则需输入对方域say365.local的Domain Admins或林根域sayms.local内Enterprise Admins组内的用户名称与密码。

图 8-5-9　　　　　　　　　　　　　　　图 8-5-10

9

第9章 AD DS 数据库的复制

对拥有多台域控制器的AD DS域来说，如何有效率地复制AD DS数据库，如何提高AD DS的可用性与如何能够让用户快速登录，是系统管理员必须了解的重要课题。

- ➲ 9.1 站点与AD DS数据库的复制
- ➲ 9.2 默认站点的管理
- ➲ 9.3 利用站点来管理AD DS复制
- ➲ 9.4 管理全局编录服务器
- ➲ 9.5 解决AD DS复制冲突的问题

9.1 站点与AD DS数据库的复制

站点由一个或数个IP子网（subnet）组成，这些子网之间通过**高速且可靠的连接**互联起来，也就是这些子网之间的连接速度要够快且稳定、符合需要，否则就应该将它们分别规划为不同的站点。

一般来说，一个LAN（局域网）之内各个子网之间的连接都符合速度快且高可靠的要求，因此可以将一个LAN规划为一个站点；而WAN（广域网）内各个LAN之间的连接速度一般都不快，因此WAN内的各个LAN应分别规划为不同的站点，参见图9-1-1。

图9-1-1

AD DS内大部分数据是利用**多主机复制模式**（multi-master replication model）来复制的。在这种模式之中，可以直接更新任何一台域控制器内的AD DS对象，之后这个更新对象会被自动复制到其他域控制器。例如当在任何一台域控制器的AD DS数据库内新建一个用户账户后，这个账户会被自动复制到域内的其他域控制器。

站点与AD DS数据库的复制之间有着重要的关系，因为这些域控制器是否在同一个站点，会影响到域控制器之间AD DS数据库的复制行为。

9.1.1 同一个站点之间的复制

同一个站点内的域控制器之间是通过快速的连接互联在一起的，因此在复制AD DS数据库时，可以有效、快速地复制，而且不会压缩所传送的数据。

同一个站点内的域控制器之间的AD DS复制采用**变更通知**（change notification）的方式，也就是当某台域控制器（以下将它称为**源域控制器**）的AD DS数据库内有一条数据更改时，默认它会在15秒后通知位于同一个站点内的其他域控制器；收到通知的域控制器如果需要这条数据，就会发送**更新信息**的请求给**源域控制器**；**源域控制器**收到请求后，便会开始复制的程序。

1. 复制伙伴

源域控制器并不是直接将更改数据复制给同一个站点内的所有域控制器，而是只复制给它的**直接复制伙伴**（direct replication partner），然而哪一些域控制器是其**直接复制伙伴**呢？每一台域控制器内都有一个被称为知识一致性检查器（Knowledge Consistency Checker，KCC）的程序，它会自动建立最有效率的**复制拓扑**（replication topology），也就是会决定谁是它的**直接复制伙伴**或**转移复制伙伴**（transitive replication partner），换句话说，**复制拓扑**是复制AD DS数据库的逻辑连接路径，如图9-1-2所示。

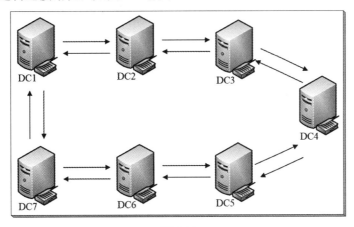

图 9-1-2

以图中域控制器DC1来说，域控制器DC2是它的**直接复制伙伴**，因此DC1会将更改数据直接复制给DC2；而DC2收到数据后，会再将它复制给DC2的**直接复制伙伴**DC3，以此类推。

对域控制器DC1来说，除了DC2与DC7是它的**直接复制伙伴**外，其他的域控制器（DC3、DC4、DC5、DC6）都是**转移复制伙伴**，它们都间接获得由DC1复制来的数据。

2. 如何减少复制延迟时间

为了减少复制延迟时间（replication latency），也就是从**源域控制器**内的AD DS数据有变动开始，到这些数据被复制到所有其他域控制器之间的间隔时间不要太久，因此KCC在建立**复制拓扑**时，会让数据从**源域控制器**传送到**目的域控制器**时，其所跨越的域控制器数量

（hop count）不超过3台，以图9-1-2来说，从DC1到DC4跨越了3台域控制器（DC2、DC3、DC4），而从DC1到DC5也只跨越了3台域控制器（DC7、DC6、DC5）。换句话说，KCC会让**源域控制器**与**目的域控制器**之间的域控制器数量不超过2台。

> 为了避免**源域控制器**负载过重，因此**源域控制器**并不是同时通知其所有的**直接复制伙伴**，而是会间隔3秒，也就是先通知第1台**直接复制伙伴**，间隔3秒后再通知第2台，以此类推。

当有新域控制器加入时，KCC会重新建立**复制拓扑**，而且仍然会遵照**跨越的域控制器数量不超过3台**的原则。例如当图9-1-2中新建了一台域控制器DC8后，其**复制拓扑**就会有变化，图9-1-3为可能的**复制拓扑**之一。图中KCC将域控制器DC8与DC4设置为**直接复制伙伴**，否则DC8与DC4之间，无论是通过【DC8→DC1→DC2→DC3→DC4】还是【DC8→DC7→DC6→DC5→DC4】，都会违反**跨越的域控制器数量不超过3台**的原则。

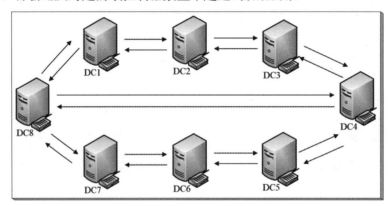

图 9-1-3

3. 紧急复制

对某些重要的更新数据来说，系统并不会等15秒钟才通知其**直接复制伙伴**，而是立刻通知，这个动作被称为**紧急复制**。这些更新数据包含用户账户被锁定、账户锁定策略有更改、域的密码策略有更改等。

9.1.2 不同站点之间的复制

由于不同站点之间的连接速度不够快，因此为了降低对连接带宽的影响，站点之间的AD DS数据在复制时会被压缩，而且数据的复制采用的是**计划任务**（schedule）的方式，也就是在计划时间内才会进行复制工作。原则上应该尽量避开站点之间连接的高峰时期去执行复制工作，同时复制频率也不要太高，以避免复制时占用两个站点之间的连接带宽，影响两个站点之间其他数据的传输效率。

不同站点的域控制器之间的**复制拓扑**，与同一个站点的域控制器之间的**复制拓扑**是不相同的。每一个站点内都各有一台被称为**站点间拓扑生成器**的域控制器，它负责建立**站点之间**

的**复制拓扑**，并从其站点内挑选一台域控制器来扮演**bridgehead服务器**（桥头服务器）的角色，例如图9-1-4中SiteA的DC1与SiteB的DC4是**bridgehead服务器**。两个站点之间在复制AD DS数据时，由这两台**bridgehead服务器**负责将该站点内的AD DS变更数据复制给对方，这两台**bridgehead服务器**得到对方的数据后，再将它们复制给同一个站点内的其他域控制器。

图9-1-4

两个站点之间AD DS复制的其他细节，包含**站点链接**（site link）、开销、复制任务、复制频率等，都会在后面章节另外说明。

9.1.3 复制通信协议

域控制器之间在复制AD DS数据时，其所使用的复制通信协议分为以下两种：

- **RPC over IP**（Remote Procedure Call over Internet Protocol）：无论是同一个站点之间还是不同站点之间，都可以利用RPC over IP来执行AD DS数据库的复制操作。为了确保数据在传送时的安全性，RPC over IP会执行身份验证与数据加密的工作。
- **SMTP**（Simple Mail Transfer Protocol）：SMTP只能够用来执行不同站点之间的复制。如果不同站点的域控制器之间无法直接通信，或之间的连接质量不稳定，就可以通过SMTP来传送。不过这种方式有些限制，例如：

  - 只能够复制AD DS数据库内的架构目录分区、配置目录分区与应用程序目录分区，不能够复制域目录分区。
  - 需向企业CA（Enterprise CA）申请证书，因为在复制过程中，需要利用证书来验证身份。

9.2 默认站点的管理

在建立第1个域（林）时，系统就会自动建立一个默认站点，以下介绍如何来管理这个默认的站点。

9.2.1 默认的站点

可以利用【打开服务器管理器➲单击右上角的工具➲Active Directory站点和服务】的方法来管理站点，如图9-2-1所示：

图9-2-1

- **Default-First-Site-Name**：这是默认的第1个站点，它是在建立AD DS林时由系统自动建立的站点，可以更改这个站点的名称。
- **Servers**：其内记录着位于此Default-First-Site-Name 站点内的域控制器与这些域控制器的设置值。
- **Inter-Site Transports**：记录着站点之间的IP（RPC over IP）与SMTP这两个复制通信协议的设置值。
- **Subnets**：可以通过此处在AD DS内建立多个IP子网，并将子网划入所属的站点内。

假设在AD DS内已经建立了多个IP子网，此时在安装域控制器时，如果此域控制器位于其中某个子网内（从IP地址的网络ID来判断），则此域控制器的计算机账户就会自动被放到此子网所隶属的站点内。

然而在建立AD DS林时，系统默认并没有在AD DS内建立任何的子网，因此所建立的域控制器就不属于任何一个子网，此时这台域控制器的计算机账户会被放到Default-First-Site-Name站点内，例如图9-2-1的中的DC1、DC2、……、DC6等域控制器都在此站点内。

9.2.2 Servers文件夹与复制设置

图9-2-1中的**Servers**文件夹内记录着位于Default-First-Site-Name站点内的域控制器，在选中其中的一台域控制器后（例如DC2），将会出现如图9-2-2所示的界面。

图中的NTDS Settings内包含两个由KCC自动建立的**连接对象**（connection object），这两个**连接对象**分别来自DC1与DC3，表示DC2会直接接收由这两台域控制器所复制过来的AD DS数据，也就是说这两台域控制器都是DC2的**直接复制伙伴**。同理，在单击其他任何一台域控制器时，也可以看到它们与**直接复制伙伴**之间的**连接对象**。

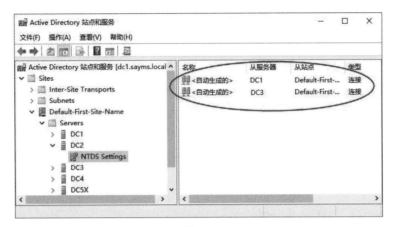

图 9-2-2

这些在同一个站点内的域控制器相互之间的**连接对象**，都会由KCC负责自动建立与维护，而且是双向的。也可视需要来手动建立**连接对象**，例如图9-2-3中DC3与DC6之间原本并没有

连接对象存在，也就是它们并不是**直接复制伙伴**，但是可以手动在它们之间建立单向或双向的**连接对象**，以便让它们之间可以直接复制AD DS数据库，例如图中手动建立的**连接对象**是单向的，也就是DC6单向直接从DC3复制AD DS数据库。

建立此单向连接对象的方法为【如图9-2-4所示选中DC6之下的**NTDS Settings**并右击➄**新建 Active Directory 域 服 务 连 接** ➄ 选 取 **DC3**➄……】。

图 9-2-3

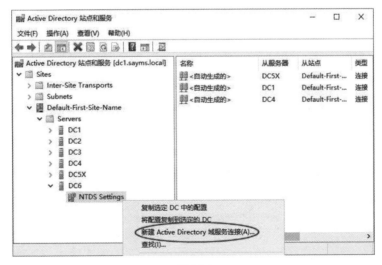

图 9-2-4

在双击图9-2-2右侧的任何一个**连接对象**后，将出现如图9-2-5所示的界面。可以单击图中**服务器**右侧的 更改 按钮来改变复制的来源服务器。

图 9-2-5

如果域控制器的AD DS数据有变动（例如新建用户账户），则其默认是15 秒钟后通知同一个站内的**直接复制伙伴**，以便将数据复制给它们。即使没有更改数据，默认也会每隔一小时执行一次复制工作，以确保没有遗失任何应该复制的数据。可以通过图9-2-5中的更改计划按钮来查看与更改间隔时间，如图9-2-6所示。

图 9-2-6

如果想要立刻复制，请自行以手动的方式来完成：【先选中图9-2-7左侧的目的服务器（例如DC2）➲单击**NTDS Settings**➲选中右侧的复制来源服务器并右击➲**立即复制**】，图中表示立刻从DC1复制到DC2。

图 9-2-7

9.3 利用站点来管理AD DS复制

本节将先利用图9-3-1来说明如何建立多个站点与IP子网，然后再说明站点之间的AD DS复制设置。

图 9-3-1

站点之间除了物理连接（WAN link，例如通过Internet与VPN）外，还必须建立逻辑的**站点链接**（site link）才可以进行AD DS数据库的复制，而系统默认已经为IP复制通信协议建立一个名称为DEFAULTIPSITELINK的站点链接，如图9-3-2所示。

图 9-3-2

我们在建立图9-3-1中的SiteA与SiteB时，必须通过**站点链接**将这两个站点逻辑地连接在一起，这样它们之间才可以进行AD DS数据库的复制。

9.3.1 建立站点与子网

先建立新站点，然后建立隶属于此站点的IP子网。

1. 建立新站点

以下将说明如何建立图9-3-1中的SiteA与SiteB。

STEP 1 打开**服务器管理器** ➲ 单击右上角的**工具** ➲ **Active Directory站点和服务** ➲ 如图9-3-3所示选中**Sites**并右击 ➲ 新站点。

图 9-3-3

STEP 2 在图9-3-4所示的界面中设置站点名称（例如SiteA），并将此站点归纳到适当的**站点链接**后单击**确定**按钮。因为目前只有一个默认的**站点链接**DEFAULTIPSITELINK，故只能暂时将它归纳到默认的**站点链接**。只有隶属于同一个**站点链接**的站点之间才可进行AD DS数据库的复制。

STEP 3 在图9-3-5所示的界面中直接单击**确定**按钮。

图 9-3-4

图 9-3-5

STEP 4 重复STEP 1 ~ STEP 3 来建立SiteB，图9-3-6为完成后的界面。

2. 建立IP子网

以下将说明如何建立图9-3-1中的IP子网192.168.8.0与192.168.9.0，并将它们分别划入SiteA与SiteB内。

图 9-3-6

STEP **1**　如图9-3-7所示【选中**Subnets**并右击➩新建子网】。

图 9-3-7

STEP **2**　在图9-3-8所示的界面中的**前缀**处输入192.168.8.0/24，其中的192.168.8.0为网络ID，而24表示子网掩码为255.255.255.0（二进制中为1的位共有24个），并将此子网划入站点SiteA内。

图 9-3-8

STEP **3**　重复前两个步骤来建立IP子网192.168.9.0，并将它划入站点SiteB。图9-3-9为完成后的界面。

图9-3-9

9.3.2　建立站点链接

以下将说明如何建立图9-3-1中的**站点链接**，并将此**站点链接**命名为SiteLinkAB。我们利用IP复制通信协议来进行说明。

> 我们在前面建立SiteA与SiteB时，已经将SiteA与SiteB归纳到DEFAULTIPSITELINK这个**站点链接**，也就是说这两个站点已经通过DEFAULTIPSITELINK逻辑地连接在一起了，下面我们通过练习来将它改为通过SiteLinkAB来连接。

STEP **1**　如图9-3-10所示【选中**IP**并右击➲**新站点链接**】。

图9-3-10

STEP **2**　在图9-3-11所示的界面中【设置站点链接**名称**（例如SiteLinkAB）➲选择SiteA与SiteB后单击 添加 按钮➲单击 确定 按钮】。之后SiteA与SiteB便可根据**站点链接**SiteLinkAB内的设置来复制AD DS数据库。

STEP **3**　图9-3-12为完成后的界面。

图 9-3-11

图 9-3-12

9.3.3 将域控制器移动到所属的站点

目前所有的域控制器都被放置到Default-First-Site-Name站点内,而在完成新站点的建立后,我们应将域控制器移动到正确的站点内。以下假设域控制器DC1、DC2与DC3的IP地址的网络ID都是192.168.8.0(见图9-3-13),故需将DC1、DC2与DC3移动到站点SiteA;同时假设DC4、DC5与DC6的IP地址的网络ID都是192.168.9.0,故需将DC4、DC5与DC6移动到站点SiteB。

图 9-3-13

以后如果在图9-3-13中的**北京**网络内安装新域控制器,则该域控制器的计算机账户会被自动放置到SiteA内,同理在**上海**网络内所安装的新域控制器,其计算机账户会被自动放到SiteB内。

STEP 1 如图9-3-14所示【展开**Default-First-Site-Name**站点➲单击**Servers**➲选中要移动的服务器（例如**DC1**）并右击➲**移动**】。

图 9-3-14

STEP 2 在图9-3-15所示的界面中选择目的地站点**SiteA**后单击 确定 按钮。

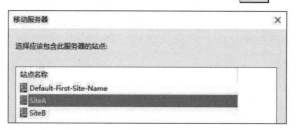

图 9-3-15

STEP 3 重复以上步骤将DC2、DC3移动到SiteA，将DC4、DC5与DC6移动到SiteB。图9-3-16为完成后的界面。

图 9-3-16

> 可以在SiteA与SIteB之间搭建一台由Windows Server扮演的路由器，来模拟演练SiteA与SIteB位于两个不同网络的环境。

9.3.4　指定首选的bridgehead服务器

前面说过每一个站点内都各有一台被称为**站点间拓扑生成器**的域控制器，它负责建立**站点之间的复制拓扑**，并从其站点内挑选一台域控制器来扮演**bridgehead服务器**的角色，例如图9-3-17中SiteA的DC1与SiteB的DC4，两个站点之间在复制AD DS数据时，是由这两台**bridgehead服务器**负责将该站点内的AD DS变动数据复制给对方，这两台**bridgehead服务器**得到对方的数据后，再将它们复制给同一个站点的其他域控制器。

图 9-3-17

也可以自行选择扮演**bridgehead服务器**的域控制器，它们被称为**首选的bridgehead服务器**（preferred bridgehead server）。例如要将SiteA内的域控制器DC1指定为**首选的bridgehead服务器**：【如图9-3-18所示展开站点**SiteA**⊃单击**Servers**⊃选中域控制器**DC1**⊃单击上方**属性**图标⊃选择复制通信协议（例如IP）⊃单击添加按钮】。

图 9-3-18

可以重复以上步骤，将多台域控制器设为**首选的bridgehead服务器**，但是AD DS一次只会从其中挑选一台来复制数据，如果这一台故障了，就再挑选其他的**首选的bridgehead服务器**。

如果要查看首选的bridgehead服务器清单，也可以【展开**Inter-Site Transports**➲选中**IP**并右击➲**属性**➲选择**属性编辑器**标签➲单击 筛选 按钮➲选择**显示只读属性**处的**反向链接**➲双击属性列表中的**bridgeheadServerListBL**】。

> 若无必要请不要自行指定首选的bridgehead服务器，因它会让KCC停止自动挑选bridgehead服务器，也就是说如果所选择的首选的bridgehead服务器都发生了故障，而KCC不会再自动挑选bridgehead服务器，如此将没有bridgehead服务器可供使用。
>
> 如果要将扮演**首选的bridgehead服务器**的域控制器移动到其他站点，请先取消其**首选的bridgehead服务器**的角色后再移动。

9.3.5 站点链接与AD DS数据库的复制设置

站点之间是通过**站点链接**的设置来决定如何复制AD DS数据库的：如图9-3-19所示【选中站点链接（例如SiteLinkAB）并右击➲**属性**➲通过图9-3-20来设置】。

图9-3-19

- **更改站点链接中的站点成员**：可以在界面中将其他的站点加入此**站点链接**SiteLinkAB内，也可以将站点从这个**站点链接**中删除。

- **开销**（cost）：每一个站点链接都可以有不同的**开销**（默认值为100），它是用来与其他**站点链接**进行比较的相对值。每一个**站点链接**的**开销**计算，需要考虑到物理WAN link 的连接带宽、稳定性、延迟时间与费用。例如**开销**考虑是以WAN link 的连接带宽为依据，则应该将带宽较宽的**站点链接**的**开销**值设得较低，假设将带宽较低的**站点链接**的**开销**设置为默认的100，则带宽较宽的**站点链接**的**开销**值应该要比100小。KCC在建立**复制拓扑**时，会选择**站点链接开销**较低的域控制器来作为**直接复制伙伴**。

图9-3-20

另外用户在登录时，如果其计算机所在的站点内没有域控制器可以提供服务（例如域控制器因故脱机），则用户的计算机会到其他站点去查找域控制器，此时会通过**站点链接开销**最低的连接去查找域控制器，以便让用户能够较快速地登录。

- **复制频率、更改计划**：**复制频率**用来设置隶属于此**站点连接**的站点之间，每隔多长时间复制一次AD DS数据库，默认是180分钟。

  但并不是时间到了就一定会执行复制工作，还需根据是否允许在此时间复制来决定。此设置是通过图9-3-20的更改计划按钮，然后利用图9-3-21来更改计划。默认是一个星期7天、1天24小时的任何时段都允许进行复制，可更改此计划，例如改为高峰时期不允许复制。

图9-3-21

9.3.6 站点链接桥

　　站点链接桥（site link bridge）是由两个或多个**站点链接**组成，它让这些**站点链接**具备**转移性**（transitive），例如图9-3-22中SiteA与SiteB之间已经建立了**站点链接**SiteLinkAB，而SiteB与SiteC之间也建立了**站点链接**SiteLinkBC，则**站点链接桥**SiteLinkBridgeABC让SiteA与SiteC之间具备着隐性的**站点链接**，也就是说KCC在建立**复制拓扑**时，可以将SiteA的域控制器DC1与SiteC的域控制器DC3设置为**直接复制伙伴**，让DC1与DC3之间通过两个WAN link的物理线路来直接复制AD DS数据，而不需要由SiteB的域控制器DC2来转送。

图9-3-22

图中SiteLinkAB的开销为3、SiteLinkBC的开销为4，则SiteLinkBridgeABC的开销是3+4=7，由于此开销高于SiteLinkAB的开销3与SiteLinkBC的开销4，因此KCC在建立**复制拓扑**时，默认不会在DC1与DC3之间建立**连接对象**，也就是不会将DC1与DC3设为**直接复制伙伴**，除非DC2无法使用（例如故障、脱机）。

系统默认会自动桥接所有的**站点链接**，可以通过如图9-3-23所示【展开**Inter-Site Transports**➲单击**IP**文件夹➲单击上方的**属性**图标➲勾选或取消**为所有站点链接搭桥**】的方法来更改其设置值。

图 9-3-23

由于系统默认已经自动桥接所有的**站点链接**，因此不需要另外手动建立**站点链接桥**，除非想要控制AD DS数据复制的方向或两个站点之间受到限制无法直接通信。例如图9-3-22的SiteB 部署了防火墙，它限制 SiteA 的计算机不可与 SiteC 的计算机通信，则图中的SiteLinkBridgeABC就没有意义了，因为SiteA将无法直接与SiteC进行AD DS数据库复制，此时如果SiteA还可以通过另外一个站点SiteD来与SiteC通信，我们就没有必要让KCC浪费时间建立SiteLinkBridgeABC，或浪费时间尝试通过SiteLinkBridgeABC来复制AD DS数据库，也就是说可以先取消勾选图9-3-23中的**为所有站点链接搭桥**，然后如图9-3-24所示自行建立SiteLinkBridgeADC，以便让SiteA的计算机与SiteC的计算机直接选择通过SiteLinkBridgeADC进行通信。

图 9-3-24

9.3.7　站点链接桥的两个范例讨论

1. 站点链接桥范例一

图9-3-25中SiteA与SiteB之间、SiteB与SiteC之间分别建立了**站点链接**，且分别有着不同的复制计划与复制间隔时间，请问DC1与DC3之间何时可以复制AD DS数据库（以下针对**域目录分区**来说明）？

图 9-3-25

- 如果DC2正常运作，且DC1、DC2与DC3隶属于同一个域。

  图中SiteLinkAB开销为3、SiteLinkBC开销为4，因此SiteLinkBridgeABC开销是3＋4＝7，由于此开销高于SiteLinkAB的开销3与SiteLinkBC的开销4，因此KCC在建立复制**拓扑**时，并不会在DC1与DC3之间建立**连接对象**，也就是不会将DC1与DC3设为**直接复制伙伴**，所以DC1与DC3在复制AD DS数据库时会通过DC2来转送。

  当DC1的AD DS数据有更改时，它可以在1:00 PM～4:00 PM将数据复制给DC2，而DC2在收到数据并存储到其AD DS数据库后，会在2:00 PM～6:00 PM将数据复制给DC3。

- 如果DC2脱机，或DC2与DC1/DC3不是隶属于同一个域。

  此时因为DC2无法提供服务或不会存储不同域的AD DS数据，因此DC1与DC3之间需直接复制AD DS数据库，KCC在建立**复制拓扑**时，因为SiteA与SiteC之间有**站点桥接连接器**，所以会在DC1与DC3之间建立**连接对象**，也就是将DC1与DC3设置为**直接复制伙伴**，让DC1与DC3之间可以直接复制。

  但是DC1与DC3之间何时才会直接复制AD DS数据库呢？它们只有在两个**站点链接**的复制计划中有重叠的时段才会进行复制工作，例如SiteLinkAB复制计划是1:00 PM～4:00 PM，而SiteLinkBC是2:00 PM～6:00 PM，因此DC1与DC3之间会复制的时段为2:00 PM～4:00 PM。

  另外DC1与DC3之间的复制间隔时间为两个**站点链接**的最大值，例如SiteLinkAB为30分钟，SiteLinkBC为60分钟，则DC1与DC3的复制间隔时间为60分钟。

在DC2故障或脱机（或DC2不与DC1/DC3在同一个域）的情况下，虽然可以通过**站点桥接连接器**让DC1与DC3直接复制AD DS数据库，但是如果两个站点链接的复制计划中没有重叠时段，则DC1与DC3之间还是无法复制AD DS数据库。

2. 站点链接桥范例二

如果图9-3-26中SiteA与SiteB之间、SiteB与SiteC之间分别建立了站点链接，但是却取消勾选图9-3-23中的**桥接所有站点链接**，且没有自行建立**站点桥接连接器**，则DC1与DC3之间是否可以进行AD DS复制呢（以下针对**域目录分区**来说明）？

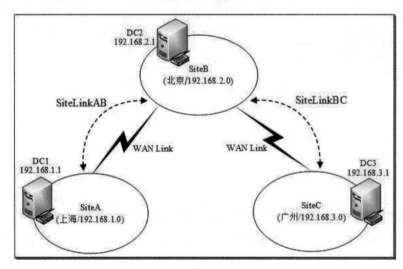

图9-3-26

- 如果DC2正常运作，且DC1、DC2与DC3隶属于同一个域。

  因SiteA与SiteC之间没有**站点桥接连接器**，所以KCC在建立复制拓扑时，不会在DC1与DC3之间建立**连接对象**，也就是不会将DC1与DC3设为**直接复制伙伴**，因此DC1与DC3之间只能够通过DC2来转送AD DS数据。

- 如果DC2脱机，或DC2与DC1/DC3不隶属于同一个域。

  此时DC2无法接收与存储DC1与DC3的AD DS数据，因此DC1与DC3需直接复制AD DS数据，但是因为SiteA与SiteC之间并没有**站点桥接连接器**，KCC无法在DC1与DC3之间建立**连接对象**，也就是无法将DC1与DC3设为**直接复制伙伴**，所以DC1与DC3之间将无法复制AD DS数据。

9.4 管理全局编录服务器

全局编录服务器（global catalog server，GC）也是一台域控制器，其内的**全局编录**存储着林中所有AD DS对象，如图9-4-1所示。

图 9-4-1

图中的一般域控制器内只会存储所属域内**域目录分区**的完整数据，但是**全局编录服务器**还会存储林中所有其他域的**域目录分区**的对象的部分属性，让用户可以通过**全局编录**内的这些属性快速地找到位于其他域内的对象。系统默认会将用户常用来搜索的属性加入**全局编录**内，例如登录账户名称、UPN、电话号码等。

9.4.1 向全局编录内添加属性

也可以自行利用**Active Directory架构**控制台来将其他属性加入**全局编录**内，不过需要自行建立**Active Directory架构**控制台：在域控制器上通过【按⊞+ R 组合键组合➲输入**regsvr32 schmmgmt.dll**后单击 确定 按钮】来登录**schmmgmt.dll**，然后【按⊞+ R 组合键➲输入**MMC**后单击 确定 按钮➲选择**文件**菜单➲**新建/删除管理单元**➲选择**Active Directory架构**➲单击 添加 按钮➲……】。

如果要将其他属性加入**全局编录**中：【如图9-4-2所示单击左侧的**属性**文件夹➲双击右侧欲加入的属性➲如前景图所示勾选**将此属性复制到全局编录**】。

图 9-4-2

9.4.2 全局编录的功能

全局编录主要提供以下的功能：

- **快速查找对象**：由于**全局编录**内存储着林中所有域的**域目录分区**对象的部分属性，因此用户可以利用这些属性快速地找到位于其他域的对象。举例来说，系统管理员可以使用【打开服务器管理器⮞单击右上角的**工具**⮞**Active Directory管理中心**⮞如图9-4-3所示单击**全局搜索**⮞在范围处选择**全局编录搜索**】的方法，来通过**全局编录**快速查找对象。

图 9-4-3

全局编录的TCP端口号码为3268，因此如果用户与**全局编录服务器**之间被防火墙隔开，请在防火墙开放此端口。

- **提供UPN的验证功能**：当用户利用UPN登录时，如果负责验证用户身份的域控制器无法从其AD DS数据库来得知该用户是隶属于哪一个域，它就可以向**全局编录服务器**询问。例如用户到域hk.sayiis.local的成员计算机上利用其UPN george@sayms.local账户登录时，由于域hk.sayiis.local的域控制器无法得知此george@sayms.local账户是位于哪一个域内（见下面Q&A），因此它会向**全局编录**查询，以便完成验证用户身份的工作。

> **Q** 如果用户的UPN为george@sayms.local，则该用户账户就一定是存储在域sayms.local的AD DS数据库吗？
>
> **A** 不一定。虽然用户账户的UPN后缀默认就是账户所在域的域名，但是后缀可以更改，而且当用户账户被移动到其他域时，其UPN并不会自动改变，也就是说UPN后缀不一定就是其域名。

- **提供通用组的成员信息**：我们在第8章说过，当用户登录时，系统会为用户建立一个access token，其内包含着用户所隶属组的SID，也就是说用户登录时，系统必须得知该用户隶属于哪一些组，不过因为通用组的成员信息只存储在**全局编录**，因此当用户登录时，负责验证用户身份的域控制器需向**全局编录服务器**查询该用户所隶属的通用组，以便建立access token，让用户完成登录的程序。

当用户登录时，如果找不到**全局编录服务器**（例如故障、脱机），则用户是否可以登录成功呢？

- 如果用户之前曾经在这台计算机成功登录过，则这台计算机仍然能够利用存储在其**缓存区**（cache）内的用户身份数据（credentials）来验证用户的身份，因此还是可以登录成功。
- 如果用户之前未曾在这台计算机登录过，则这台计算机的**缓存区**内就不会有该用户的身份数据，因此无法验证用户身份，用户也就无法登录。

如果用户是隶属于Domain Admins组的成员，则无论**全局编录**是否在线，他都可以登录。

如果要将某台域控制器设置为**全局编录服务器**或取消其**全局编录服务器**角色：【如图9-4-4所示单击该域控制器➲单击**NTDS Settings**➲单击上方的**属性**图标➲勾选或取消前景图中的**全局编录**】。

图9-4-4

9.4.3 通用组成员缓存

虽然每一个站点内都应该有**全局编录服务器**，但是对一个小型站点来说，由于受到硬件配备有限、经费短缺、带宽不足等因素的影响，因此可能不想在此站点架设一台**全局编录服务器**。此时可以通过**通用组成员身份缓存**来解决问题。

例如图9-4-5中，如果SiteB启用了**通用组成员身份缓存**，则当用户登录时，SiteB内的域控制器会向SiteA的**全局编录服务器**查询用户是隶属于哪一些通用组，该域控制器得到这些数据后，便会将这些数据存储到其缓存区内，以后当这位用户再登录时，这台域控制器就可以直接从缓存区内得知该用户是隶属于哪一些通用组，而不需要再向**全局编录**查询。此功能拥有以下的好处：

图9-4-5

- 加快用户登录的速度，因为域控制器不需要再向位于远程的另外一个站点的**全局编录**查询。
- 现有域控制器的硬件不需要升级。由于**全局编录**的负载比较重，因此需要比较好的硬设备，而在站点启用**通用组成员身份缓存**后，该站点内的域控制器就可以不需要将硬件升级。
- 减轻对网络带宽的负载，因为不需要用其他站点的**全局编录**来复制林中所有域内的所有对象。

启用**通用组成员身份缓存**的方法为：【如图9-4-6所示选中站点（例如SiteB）●选中右侧的**NTDS Settings**并右击●属性●勾选启用通用组成员身份缓存】。

图9-4-6

域控制器默认会每隔8小时更新一次缓存区，也就是每隔8小时向**全局编录服务器**索取一次最新的数据，而它是从哪一个站点的**全局编录服务器**来更新缓存数据呢？这可从图9-4-6中最下方的**启用通用组成员身份缓存**来进行选择。

9.5 解决AD DS复制冲突的问题

AD DS数据库内的大部分数据是利用**多主机复制模式**来复制的，因此可以直接更新任何一台域控制器内的AD DS对象，之后这个更新对象会被自动复制到其他域控制器。

但是如果两位系统管理员同时分别在两台域控制器建立相同的对象，或是修改相同对象，则之后双方开始相互复制这些对象时，就会发生冲突，此时系统该如何解决这个问题呢？

9.5.1 属性标记

AD DS使用**标记**（stamp）来作为解决冲突的依据。当修改了AD DS某个对象的属性数据（例如修改用户的地址）后，这个属性的标记数据就会改变。这个标记由以下3个数据组成：

版本号码	修改时间	域控制器的GUID

- **版本号码**（version number）：每一次修改对象的属性时，属性的版本号码都会增加。起始值是1。
- **修改时间**（timestamp）：对象属性被修改的原始时间。
- **域控制器的GUID**：发生对象修改行为的原始域控制器的GUID。

AD DS在解决冲突时，是以标记值最高的优先，换句话说版本号码较高的优先；如果版本号码相同，则以修改时间较后的优先；如果修改时间也相同，则再比较原始域控制器的GUID，GUID数值较高的优先。

9.5.2 冲突的种类

AD DS对象共有以下3种不同种类的冲突情况：

- 属性值相冲突。
- 在某容器内新建对象或将对象移动到此容器内，但是这个容器已经在另外一台域控制器内被删除。
- 名称相同。

对这3种不同种类的冲突情况，其解决冲突的方法也不同。

1. 属性值冲突的解决方法

如果属性值有冲突，则以标记值最高的优先。举例来说，假设用户**王乔治**的**显示名称**属性的版本号码目前为1，而此时有两位系统管理员分别在两台域控制器上修改了**王乔治**的**显示名称**（见图9-5-1），则在这两台域控制器内，**显示名称**属性的版本号码都会变为2。因为版本号码相同，故此时需要以**修改时间**来决定以哪一个系统管理员所修改的数据优先，也就是以修改时间较晚的优先。

图 9-5-1

可以利用以下的**repadmin**程序来查看版本号码（参考图9-5-2）：

```
repadmin  /showmeta   CN=王乔治,OU=业务部,DC=sayms,DC=local
```

图 9-5-2

> **repadmin.exe**还可以用来查看域控制器的**复制拓扑**、建立**连接对象**、手动复制、查看复制信息、查看域控制器的GUID等。

2. 对象存储容器被删除的解决方法

例如某位系统管理员在第1台域控制器上将图9-5-3中的组织单位**会计部**删除，但是同时在第2台域控制器上却有另外一位系统管理员在组织单位**会计部**内新建一个用户账户**高丽黛**。请问两台域控制器之间开始复制AD DS数据库时，会发生什么情况呢？

此时所有域控制器内的组织单位**会计部**都会被删除，但是用户账户**高丽黛**会被放置到LostAndFound文件夹内，如图9-5-4所示。这种冲突现象并不会使用标记来解决问题。

图 9-5-3

图 9-5-4

如果要验证上述理论，请先让两台域控制器之间的网络无法通信，然后分别在两台域控制器上操作，再让两台域控制器之间恢复正常通信，最后手动复制AD DS数据库。不过请先执行以下步骤，否则无法删除组织单位**会计部**：【打开**Active Directory管理中心**➲选中组织单位**会计部**并右击➲**属性**➲如图9-5-5所示单击**组织单位**区段➲取消勾选**防止意外删除**】。

图9-5-5

3. 名称相同

如果对象的名称相同，则两个对象都会被保留，此时标记值较高的对象名称会维持原来的名称，而标记值较低的对象名称会被改变为：

对象的RDN CNF: *对象的GUID*

例如在两台域控制器上同时新建一个名称相同的用户**赵日光**，但是分别有不同的属性设置，则在两台域控制器之间进行AD DS数据库复制后，其结果将如图9-5-6所示，两个账户都被保留，但其中一个的全名会被改名。

图 9-5-6

第 10 章　操作主机的管理

在AD DS内有一些数据的维护与管理是由**操作主机**（operations master）来负责的，作为系统管理员必须彻底了解它们，以便能够充分掌控与维持域的正常工作。

- ➲　10.1 操作主机概述
- ➲　10.2 操作主机的放置优化
- ➲　10.3 找出扮演操作主机角色的域控制器
- ➲　10.4 转移操作主机角色
- ➲　10.5 夺取操作主机角色

10.1 操作主机概述

AD DS数据库内绝大部分数据的复制采用的是**多机复制模式**，也就是可以直接更新任何一台域控制器内绝大部分的AD DS对象，之后这个对象会被自动复制到其他域控制器。

然而有少量数据的复制采用的是**单机复制模式**（single-master replication model）。在此模式下，当提出更改对象的请求时，只会由其中一台被称为**操作主机**的域控制器负责接收与处理此请求，也就是说该对象是先被更新在这台操作主机内，再由它复制到其他域控制器。

Active Directory域服务（AD DS）内总共有5个操作主机角色：

- 架构操作主机（schema operations master）。
- 域命名操作主机（domain naming operations master）。
- RID操作主机（relative identifier operations master）。
- PDC模拟器操作主机（PDC emulator operations master）。
- 基础结构操作主机（infrastructure operations master）。

一个林中只有一台**架构操作主机**与一台**域命名操作主机**，这两个林级别的角色默认都是由林根域内的第1台域控制器扮演。而每一个域拥有自己的**RID操作主机**、**PDC模拟器操作主机**与**基础结构操作主机**，这3个域级别的角色默认都是由该域内的第1台域控制器扮演。

操作主机角色（operations master roles）也被称为灵活单主机操作（flexible single master operations，FSMO）roles。
只读域控制器无法扮演操作主机角色。

10.1.1 架构操作主机

扮演**架构操作主机**角色的域控制器，负责更新与修改**架构**内的对象种类与属性数据。隶属于Schema Admins组内的用户才有权限修改**架构**。一个林中只可以有一台**架构操作主机**。

10.1.2 域命名操作主机

扮演**域命名操作主机**角色的域控制器，负责林内**域目录分区**的新建与删除，也就是负责林内域的新建与删除工作。它也负责**应用程序目录分区**的新建与删除。一个林中只可以有一台**域命名操作主机**。

10.1.3 RID操作主机

每一个域内只可以有一台域控制器来扮演**RID操作主机**角色，而其主要的工作是发放RID（relative ID）给其域内的所有域控制器。RID有什么用途呢？当域控制器内新建了一个用户、组或计算机等对象时，域控制器需指派一个唯一的安全标识符（SID）给这个对象，此对象的SID是由域SID与RID组成的，也就是说"**对象SID = 域SID + RID**"，而RID并不是由每一台域控制器自己产生的，它是由**RID操作主机**来统一发放给其域内的所有域控制器的。每一台域控制器需要RID时，都会向**RID操作主机**索取一些RID，这些RID用完后再向**RID操作主机**索取。

由于是由**RID操作主机**来统一发放RID，因此不会有RID重复的情况发生，也就是每一台域控制器所获得的RID都是唯一的，对象的SID也是唯一的。如果是由每一台域控制器各自产生RID，则可能不同的域控制器会产生相同的RID，因而会有对象SID重复的情况发生。

10.1.4 PDC模拟器操作主机

每一个域内只可以有一台域控制器来扮演**PDC模拟器操作主机**角色，而它所负责的工作有：

- **减少因为密码复制延迟所造成的问题**：当用户的密码更改后，需要一点时间这个密码才会被复制到其他所有的域控制器。如果在这个密码还没有被复制到其他所有域控制器之前，用户利用新密码登录，则可能会因为负责检查用户密码的域控制器还没有收到用户的新密码而导致无法登录成功。

  AD DS采用以下方法来减少这个问题发生的概率：当用户的密码更改后，这个密码会优先被复制到**PDC模拟器操作主机**，而其他域控制器仍然是依照常规复制程序，也就是需要等一段时间后才会收到这个最新的密码。用户登录时，如果负责验证用户身份的域控制器发现密码不对，它就会将验证身份的工作转送给**PDC模拟器操作主机**，这样用户就可以登录成功。

- **负责整个域时间的同步**：**PDC模拟器操作主机**负责整个域内所有计算机时间的同步工作。AD DS的时间同步程序请参考图10-1-1：

  - 图中林根域sayms.local的**PDC模拟器操作主机**DC1默认使用本地计算机时间，但也可以将它改为与外部的时间服务器同步。

  - 所有其他域的**PDC模拟器操作主机**的计算机时间会自动与林根域sayms.local内的**PDC模拟器操作主机**同步，例如图中的DC2、DC4、DC5、DC6会与DC1同步。

  - 各域内的其他域控制器都会自动与该域的**PDC模拟器操作主机**时间同步，例如DC3会与DC2同步。

  - 域内的成员计算机会与验证其身份的域控制器同步，例如图中sh.sayms.local内客户端计算机会与DC3同步。

由于林根域sayms.local内PDC模拟器操作主机的计算机时间会影响到林内所有计算机的时间，因此请确保此台PDC模拟器操作主机的时间正确。

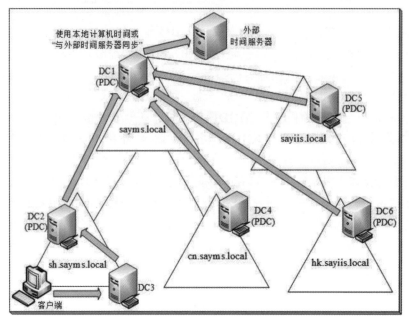

图 10-1-1

可以利用**w32tm /query /Source**命令来查看时间同步的设定，例如林根域sayms.local的**PDC模拟器操作主机**DC1默认使用的是本地计算机时间，即如图10-1-2所示的Local CMOS Clock（如果是Hyper-V虚拟机，则会显示VM IC Time Synchronization Provider，除非取消虚拟机的**集成服务**中的**时间同步**选项）。

图 10-1-2

如果要将它改为与外部时间服务器同步，可以执行以下命令（参考图10-1-3）：

```
w32tm /config /manualpeerlist:"time.windows.com time.nist.gov time-
nw.nist.gov" /syncfromflags:manual /reliable:yes /update
```

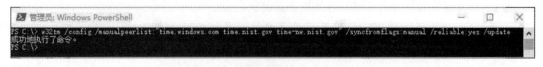

图 10-1-3

此命令被设定为可与3台时间服务器（time.windows.com、time.nist.gov与time-nw.nist.gov）同步，服务器的DNS主机名之间使用空格来隔开，同时利用""符号将这些服务器框起来。

客户端计算机也可以通过**w32tm /query /configuration**命令来查看时间同步的设定，而我们可以从此命令的结果画面（参考图10-1-4）的**Type**字段来判断此客户端计算机时间的同步方式：

图 10-1-4

- **NoSync**：表示客户端不会同步时间。
- **NTP**：表示客户端会从外部的时间服务器来同步，而所同步的服务器会显示在图中**NtpServer**字段，例如图中的**time.windows.com**等。
- **NT5DS**：表示客户端通过图10-1-1的域架构方式来同步时间。
- **AllSync**：表示客户端会选择所有可用的同步机制，包含外部时间服务器与域架构方式。

> 未加入域的客户端计算机可能需要先启动**Windows Time**服务，再来执行上述程序，而且必须以系统管理员的身份来执行此程序。**Windows** 11可以利用【选中下方的**开始图标** 并右击➲**计算机管理**➲**服务与应用程序**➲**服务**】的方法来启动**Windows Time**服务。

如果客户端计算机是通过图10-1-1域架构方式来同步时间，则执行**w32tm /query /configuration**命令后的**Type**字段为如图10-1-5所示的NT5DS。也可以通过如图10-1-6所示的**w32tm /query /source**命令来得知目前所同步的时间服务器，例如图中的dc1.sayms.local，它就是图10-1-1中域sayms.local的**PDC模拟器操作主机**。

图 10-1-5

图 10-1-6

时间同步所使用的通信协议为SNTP（Simple Network Time Protocol），其端口号码为UDP 123。

　　未加入域的计算机，其时间默认会自动与时间服务器 **time.windows.com**同步，如果要查看此设定，以Windows 11计算机来说：【单击下方的**开始**图标■■⮑单击**设定**图标●⮑**时间和语言**（可能需先单击左上方的三条线图标☰）⮑**日期和时间**⮑如图10-1-7所示】，图中也可通过 立即同步 按钮来立即同步时间。域成员计算机或未加入域的计算机都可以使用**w32tm /resync**命令来手动同步。

图 10-1-7

如果要更改设置：【按⊞+ R 组合键⮑输入control后按 Enter 键⮑单击时钟和区域⮑单击设置时间和日期⮑单击**Internet**时间选项卡⮑单击 更改设置 按钮】。

10.1.5　基础结构操作主机

　　每一个域内只可以有一台域控制器来扮演**基础结构操作主机**的角色。如果域内有对象参考到其他域的对象时，**基础结构操作主机**会负责更新这些参考对象的数据。例如本域内有一个组的成员包含另外一个域的用户账户，当这个用户账户有变动时，**基础结构操作主机**便会负责来更新这个组的成员信息，并将这些信息复制到同一个域内其他域控制器。**基础结构操作主机**通过**全局编录服务器**来得到这些参考数据的最新版本。

10.2　操作主机的放置优化

　　要提高工作的效率，减轻系统管理的负担与减少问题发生的概率，如何适当地放置操作主机便成为不可忽视的课题。

10.2.1 基础结构操作主机的放置

请勿将基础结构操作主机放置到全局编录服务器上（否则基础结构操作主机无法工作），除非是以下情况：

- **所有的域控制器都是全局编录服务器**：由于**全局编录服务器**会收到由每一个域所复制来的最新变动数据，因此不需要**基础结构操作主机**来提供其他域的信息。
- **只有一个域**：如果整个林中只有一个域，则**基础结构操作主机**就没有作用了，因为没有其他域的对象可供参考。

为了便于管理，建议将域级别的**RID操作主机**、**PDC模拟器操作主机**与**基础结构操作主机**都放置到同一台域控制器上。

10.2.2 PDC模拟器操作主机的放置

PDC模拟器操作主机经常需要与网络上其他系统通信，它的负载比其他操作主机要高，因此此台计算机的设备性能应该要最好、最稳定，以确保能够应付繁重的负载与提供较高的可用性。

如果要降低**PDC模拟器操作主机**负载，则可以在DNS服务器内调整它的**权重**（weight）。当客户端需要查找域控制器来验证用户身份时，客户端会向DNS服务器查询谁是域控制器，而DNS服务器会将客户端导向（refer to）到指定的域控制器，由这台域控制器来负责验证用户身份，由于所有域控制器默认的**权重**值都相同（100），因此每一台域控制器被导向的概率是相同的。如果将**PDC模拟器操作主机**的**权重**值降低，例如降为一半（50），则客户端被导向到这台**PDC模拟器操作主机**的概率就会降低一半，如此便可以降低它的负载。

假设**PDC模拟器操作主机**为dc1.sayms.local，而要降低其**权重**值：【打开**DNS管理**控制台⊃如图10-2-1所示展开到区域**sayms.local**之下的**_tcp**文件夹⊃双击右侧的**_ldap**名称为**dc1.sayms.local**的记录⊃如图10-2-2所示修改**权重**值】。

图 10-2-1

图 10-2-2

10.2.3 林级别操作主机的放置

林中第1台域控制器会自动扮演林级别的**架构操作主机**与**域命名操作主机**的角色，它同时也是**全局编录服务器**。这两个角色并不会对域控制器造成太大负载，它们也与**全局编录**兼容，而且即使将这两个角色移动到其他域控制器也不会提高性能，因此为了便于管理与执行备份、还原工作，建议继续由这台域控制器来扮演这两个角色。

10.2.4 域级别操作主机的放置

每一个域内的第1台域控制器会自动扮演域级别的操作主机，而以林根域中的第1台域控制器来说，它同时扮演2个林级别与3个域级别的操作主机，同时也是**全局编录服务器**。除非所有域控制器都是**全局编录服务器**或林中只有一个域，否则请将**基础结构操作主机**的角色转移到其他域控制器。为了便于管理，请将**RID操作主机**与**PDC模拟器操作主机**也一并转移到这台域控制器。

除了林根域之外，其他域请将3台域级别操作主机保留由第1台域控制器来扮演，但不要将这台域控制器设置为**全局编录服务器**，除非所有域控制器都是**全局编录服务器**或林中只有一个域。除非工作负载太重，否则请尽量将这3个操作主机交由同一台域控制器来扮演，以减轻管理负担。

10.3 找出扮演操作主机角色的域控制器

在建立AD DS域时，系统会自动选择域控制器来扮演操作主机，我们将在本节介绍如何找出扮演操作主机的域控制器。

10.3.1 利用管理控制台找出扮演操作主机的域控制器

不同的域控制器可以扮演不同的操作主机角色，如表10-3-1所示。

表10-3-1 不同的域控制器可以扮演不同的操作主机角色

角 色	管理控制台
架构操作主机	Active Directory架构
域命名操作主机	Active Directory域和信任关系
RID操作主机	Active Directory用户和计算机
PDC模拟器操作主机	Active Directory用户和计算机
基础结构操作主机	Active Directory用户和计算机

1. 找出架构操作主机

我们可以使用**Active Directory架构**控制台来找出目前扮演**架构操作主机**角色的域控制器。

STEP **1** 先到域控制器上登录，然后注册schmmgmt.dll，之后才可使用Active Directory架构控制台。可执行以下命令来注册schmmgmt.dll：

regsvr32 schmmgmt.dll

在出现如图10-3-1所示的登录成功的画面后，再继续以下的步骤。

图 10-3-1

STEP **2** 按⊞+ R 组合键➡输入**MMC**后单击 确定 按钮➡选择**文件**菜单➡**添加**或**删除管理单元**➡在图10-3-2中选择**Active Directory架构**➡单击 新建 按钮➡单击 确定 按钮。

图 10-3-2

STEP **3** 如图10-3-3所示选中**Active Directory架构**并右击⮕操作主机。

图 10-3-3

STEP **4** 从图10-3-4可知**架构操作主机**为dc1.sayms.local。

图 10-3-4

2. 找出域命名操作主机

找出当前扮演**域命名操作主机**角色的域控制器的方法为：【打开**服务器管理器**⮕单击右上角的**工具**⮕**Active Directory域和信任关系**⮕如图10-3-5所示选中**Active Directory域和信任关系**并右击⮕**操作主机**⮕从前景图中可知**域命名操作主机**为dc1.sayms.local】。

图 10-3-5

3. 找出RID、PDC与基础结构操作主机

找出目前扮演这3个操作主机角色的域控制器的方法为：【打开**服务器管理器**⮕单击右上角的**工具**⮕**Active Directory用户和计算机**⮕如图10-3-6所示选中域名（sayms.local）并右击⮕**操作主机**⮕从前景图中可知**RID操作主机**为dc1.sayms.local】，还可以单击图中的**PDC**与**基础结构**选项卡来得知扮演这两个角色的域控制器（默认都是dc1.sayms.local）。

图 10-3-6

10.3.2 利用命令找出扮演操作主机的域控制器

可以打开**Windows PowerShell**窗口，然后通过执行**netdom query fsmo**命令来查看扮演操作主机角色的域控制器，如图10-3-7所示。

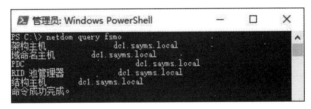

图 10-3-7

也可以在**Windows PowerShell**窗口内，通过执行以下的Get-ADDomain命令来查看扮演域级别操作主机角色的域控制器（参考图10-3-8）：

```
Get-ADDomain | Select-Object InfrastructureMaster,PDCEmulator,RIDMaster |
Format-List
```

或是通过执行以下的Get-ADForest命令来查看扮演林级别操作主机角色的域控制器（参考图10-3-8）。

```
Get-ADForest | Select-Object DomainNamingMaster,SchemaMaster | Format-List
```

图 10-3-8

10.4 转移操作主机角色

在建立AD DS域时，系统会自动选择域控制器来扮演操作主机，而在将扮演操作主机角色的域控制器降级为成员服务器时，系统也会自动将其操作主机角色转移到另外一台适当的域控制器，因此在大部分情况下，并不需要自行转移操作主机角色。

不过有时候可能需要自行转移操作主机角色，例如域架构更改或原来扮演操作主机角色的域控制器负载太重，因而想要将它转移到另外一台域控制器，以便降低原操作主机的负载。

请在将操作主机角色安全地转移到另外一台域控制器之前，先确定这两台域控制器都已经连上网络，可以相互通信，同时它们必须隶属于表10-4-1中的组或被委派了对应的权限，才有权执行转移工作。

表10-4-1 角色对应的有权限的组

角 色	有权限的组
架构操作主机	Schema Admins
域命名操作主机	Enterprise Admins
RID操作主机	Domain Admins
PDC模拟器操作主机	Domain Admins
基础结构操作主机	Domain Admins

在执行安全转移操作之前，请注意以下事项：

- 转移角色的过程中并不会有数据丢失。
- 可以将林级别的**架构操作主机**与**域命名操作主机**转移到同一个林中任何一台域控制器。
- 可以将域级别的**RID操作主机**与**PDC模拟器操作主机**转移到同一个域中任何一台域控制器。
- 不要将**基础结构操作主机**转移到兼具**全局编录服务器**的域控制器，除非所有域控制器都是**全局编录服务器**或林中只有一个域。

10.4.1 利用管理控制台

任何一种操作主机的转移步骤都类似，以下以转移**PDC模拟器操作主机**为例来进行说明，假设要将**PDC模拟器操作主机**由dc1.sayms.local转移到dc2.sayms.local。

STEP **1** 打开服务器管理器 ➲ 单击右上角的**工具** ➲ **Active Directory**用户和计算机。

转移PDC模拟器操作主机、RID操作主机与基础结构操作主机使用的都是Active Directory用户和计算机控制台，转移架构操作主机使用的是Active Directory架构控制台，转移域命名操作主机使用的是Active Directory域和信任关系控制台。

STEP **2**　如果目前所连接的域控制器就是即将扮演操作主机的dc2.sayms.local（见图10-4-1），则请跳到STEP **5**，否则请继续以下的步骤。

图 10-4-1

STEP **3**　如图10-4-2所示【选中**Active Directory用户和计算机**并右击➲**更改域控制器**】（目前所连接的域控制器为dc1.sayms.local）。

图 10-4-2

STEP **4**　在图10-4-3所示的界面中选中即将扮演操作主机角色的域控制器dc2.sayms.local后单击 确定 按钮。

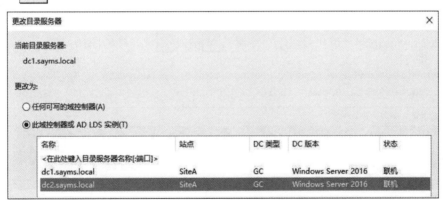

图 10-4-3

STEP **5**　如图10-4-4所示【选中域名**sayms.local**并右击➲**操作主机**】。

STEP **6**　如图10-4-5所示【选择**PDC**选项卡➲确认目前所连接的域控制器是dc2.sayms.local➲单击 更改 按钮➲单击 是（Y） 按钮➲单击 确定 按钮】。

图 10-4-4

STEP 7 从图10-4-6所示的界面中可以确定已成功将操作主机转移到dc2.sayms.local。

图 10-4-5

图 10-4-6

10.4.2 利用Windows PowerShell命令

先单击左下角的**开始**图标⊞➲Windows PowerShell，然后通过执行命令 **Move-ADDirectoryServerOperationMasterRole** 来转移操作主机角色。例如要将**PDC模拟器操作主机**转移到dc2.sayms.local，请执行以下命令后按 Y 键或 A 键（参考图10-4-7）：

```
Move-ADDirectoryServerOperationMasterRole   -Identity   "DC2"
-OperationMasterRole  PDCEmulator
```

图 10-4-7

如果要转移其他角色，只要将PDCEmulator字样换成RIDMaster、InfrastructureMaster、SchemaMaster或DomainNamingMaster即可。

如果要一次同时转移多个角色，例如同时将**PDC模拟器操作主机**与**基础结构操作主机**都转移到dc2.sayms.local，则输入以下命令（角色名称之间以逗号隔开）后按 A 键：

```
Move-ADDirectoryServerOperationMasterRole    -Identity    "DC2"
-OperationMasterRole    PDCEmulator, InfrastructureMaster
```

这些角色也可以利用数字来代表，如表10-4-2所示。

表10-4-2 操作主机角色的代表号码

操作主机角色	代表号码
PDC模拟器操作主机	0
RID操作主机	1
基础结构操作主机	2
架构操作主机	3
域命名操作主机	4

因此，如果要将所有操作主机都转移到dc2.sayms.local，可执行以下命令后按 A 键：

```
Move-ADDirectoryServerOperationMasterRole    -Identity    "DC2"
-OperationMasterRole  0,1,2,3,4
```

10.5 夺取操作主机角色

如果扮演操作主机角色的域控制器发生故障，则可能需要采用**夺取**（seize，拿取）方式来将操作主机角色强迫转移到另外一台域控制器。

> 只有在无法安全转移的情况下，才使用夺取的方法。由于夺取是非常规的手段，因此请确认有其必要性后，再执行夺取的步骤。
>
> 一旦**操作主机**角色被夺取，请**永远不要**让原来扮演该角色的域控制器再与现有的域控制器连网、通信，以免发生不可预期的后果。例如出现有两台**RID操作主机**的情况，则它们可能会发放相同的RID给其他域控制器，引发对象SID相同的冲突。建议原来扮演该角色的域控制器，在未连接到网络的情况下进行硬盘格式化或重新安装操作系统。

10.5.1 操作主机停摆所造成的影响

操作主机故障时，有的短时间内就会对网络造成明显的影响，有的却不会，因此请参考以下说明来决定是否要尽快夺取操作主机角色。

由于新操作主机是根据其内的AD DS数据库来工作的，因此为了减少数据丢失，请在执行夺取步骤之前等一段足够的时间（至少等待所有域控制器完成一次AD DS复制所需的时间），让这台即将成为新操作主机的域控制器能够完整地接收到从其他域控制器复制来的最新变动数据。

一旦夺取操作主机角色，请不要再启动原来扮演操作主机角色的域控制器，以免发生不可预期的后果，影响到AD DS的工作。

1. 架构操作主机停摆时

由于用户并不会直接与**架构操作主机**通信，因此即使**架构操作主机**暂时无法提供服务，对用户也没有影响；而对系统管理员来说，除非他们需要读取架构内的数据，例如安装会修改架构的应用程序（如Microsoft Exchange Server），否则也暂时不需要使用**架构操作主机**。所以一般来说等**架构操作主机**修复后重新上线即可，不需要执行夺取的步骤。

如果**架构操作主机**停摆的时间太久，以至于影响到系统工作，则应该夺取操作主机角色，改由另外一台域控制器来扮演。

2. 域命名操作主机停摆时

即使**域命名操作主机**暂时无法提供服务，对网络用户也没有影响；而对系统管理员来说，除非他们要新建或删除域，否则也暂时不需要使用**域命名操作主机**。所以一般来说等**域命名操作主机**修复后重新上线即可，不需要执行夺取步骤。

如果**域命名操作主机**停摆的时间太久，以至于影响到系统工作，则应该夺取操作主机角色，改由另外一台域控制器来扮演。

3. RID操作主机停摆时

即使**RID操作主机**暂时无法提供服务，对网络用户也没有影响；而对系统管理员来说，除非他们要在域内新建对象，同时他们所连接的域控制器之前所请求的RID已经用完，否则也暂时不需要使用**RID操作主机**，故一般来说不需要执行夺取的步骤。

如果**RID操作主机**停摆的时间太久，以至于影响到系统工作，则应该夺取操作主机角色，改由另外一台域控制器来扮演。

4. PDC模拟器操作主机停摆时

当**PDC模拟器操作主机**无法提供服务时，网络用户可能会比较快察觉到，例如密码复制延迟问题造成客户端无法使用新密码来登录（参考10.1节关于**PDC模拟器操作主机**的说明），此时应该尽快修复**PDC模拟器操作主机**。如果无法在短期内修复，则需要尽快执行夺取步骤。

5. 基础结构操作主机停摆时

即使**基础结构操作主机**暂时无法提供服务，对网络用户也没有影响；而对系统管理员来说，除非他们最近移动了大量账户或改变了大量账户的名称，否则也不会察觉到**基础结构操作主机**已经停摆，所以暂时不需要执行夺取的步骤。

如果**基础结构操作主机**停摆的时间太久，以至于影响到系统工作，则应该夺取操作主机角色，改由另外一台域控制器来扮演。

10.5.2 夺取操作主机角色实例演练

我们使用以下范例来解说如何夺取操作主机角色，以便让域能够继续正常工作。

> 只有在无法利用**转移**方法的情况下，才使用**夺取**方法。同时，必须隶属于适当的组才可以执行**夺取**的操作（参见表10-4-1）。

假设图10-5-1中只有一个域，其中除了**PDC模拟器操作主机**是由dc2.sayms.local扮演之外，其他4个操作主机都由dc1.sayms.local扮演。现在假设dc2.sayms.local这台域控制器发生故障永远无法使用了，因此需要夺取**PDC模拟器操作主机**角色，改由另外一台域控制器dc1.sayms.local来扮演。

图 10-5-1

单击左下角的**开始**图标⊞⊃Windows PowerShell，然后跟前面转移角色一样使用命令**Move-ADDirectoryServerOperationMasterRole**，不过要加**-Force**参数。例如以下命令会夺取**PDC模拟器操作主机**，并改由dc1.sayms.local来扮演（见图10-5-2）：

```
Move-ADDirectoryServerOperationMasterRole  -Identity  "DC1"
-OperationMasterRole    PDCEmulator  -Force
```

图 10-5-2

第 11 章　AD DS 的维护

为了维持域环境的正常运行，应该定期备份AD DS（Active Directory域服务）的相关数据。同时为了保持AD DS的运行性能，也应该充分了解AD DS数据库。

11.1 系统状态概述

Windows Server 2022服务器的系统状态（system state）内包含的数据根据服务器所安装的角色种类而有所不同，例如可能包含以下数据：

- 注册表值。
- COM+ 类注册数据库（class registration database）。
- 引导文件（boot files，即启动文件）。
- Active Directory证书服务（AD CS）数据库。
- AD DS数据库（Ntds.dit）。
- SYSVOL文件夹。
- 集群服务信息。
- Microsoft Internet Information Services（IIS）metadirectory。
- 受Windows Resource Protection保护的系统文件。

11.1.1 AD DS数据库

AD DS内的组件主要分为AD DS数据库文件与SYSVOL文件夹，其中AD·DS数据库文件默认位于%*systemroot*%\NTDS文件夹内（%*systemroot*%一般是C:\Windows），如图11-1-1所示。

图 11-1-1

其中**ntds.dit**是AD DS数据库文件，它存储着域的AD DS对象；ebd、edb00001、edb00002（扩展名是.log，默认会被隐藏）是AD DS事务日志，当AD DS数据库损坏时，可利用事务日志来修复AD DS数据库；**edbres00001.jrs**与**edbres00002.jrs**是两个预留文件，当硬盘空间不够时，系统会使用这两个文件；**edb.chk**是**检查点**（checkpoint）文件，用来辅助修复AD DS数据库。

11.1.2 SYSVOL文件夹

SYSVOL文件夹位于%*systemroot*%内（见图11-1-2），此文件夹内存储着以下的数据：**脚本文件**（scripts）、**NETLOGON共享文件夹**、**SYSVOL共享文件夹**与**组策略相关设定**。

图 11-1-2

11.2 备份AD DS

应该定期备份域控制器的系统状态，以便当域控制器的AD DS损坏时，可以通过备份数据来恢复域控制器。

11.2.1 安装Windows Server Backup功能

首先需要添加Windows Server Backup功能：【打开**服务器管理器**⮞单击**仪表板**处的**添加角色和功能**⮞持续单击 下一步 按钮一直到出现如图11-2-1所示的界面时勾选**Windows Server Backup**⮞单击 下一步 按钮、 安装 按钮】。

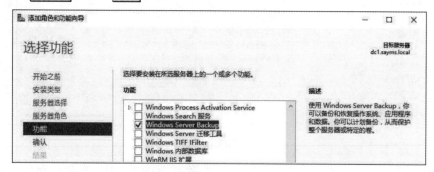

图 11-2-1

11.2.2 备份系统状态

我们将通过**备份系统状态**的方式来备份AD DS。系统状态文件位于安装Windows系统的磁盘内，一般是C:磁盘，我们将此磁盘称为备份的**源磁盘**，然而备份**目的地磁盘**默认不可以包含源磁盘，因此无法将系统状态备份到源磁盘C:，需要将它备份到另外一个磁盘、DVD或其他计算机内的共享文件夹。必须隶属于Administrators或Backup Operators组的用户才有权限执行备份系统状态的工作，而且必须有权限将数据写入目的地磁盘或共享文件夹。

> 如果要开放备份到源磁盘，请在以下注册表路径添加一条名称为AllowSSBToAnyVolume的数值，其类型为DWORD：
>
> HKLM\SYSTEM\CurrentControlSet\Services\wbengine\SystemStateBackup
>
> 其值为1表示开放，为0表示禁止。建议不要开放，否则可能会备份失败，而且需要使用比较多的磁盘空间。

以下假设我们要将系统状态数据备份到网络共享文件夹\\dc1\backup内（请先在DC1计算机上建立好此共享文件夹）：

STEP 1 打开服务器管理器➔单击右上角的工具➔**Windows Server Backup**➔如图11-2-2所示单击**一次性备份…**。

图 11-2-2

STEP 2 如图11-2-3所示选择默认的**其他选项**后单击 下一步 按钮。

图 11-2-3

STEP 3 在图11-2-4所示的界面中选择**自定义**后单击 下一步 按钮。

图 11-2-4

也可以通过**整个服务器**来备份整台域控制器内的所有数据,它包含系统状态。

STEP 4 　如图11-2-5所示单击 添加项目 按钮。

图 11-2-5

STEP 5 　如图11-2-6所示勾选**系统状态**后单击 确定 按钮。

图 11-2-6

STEP 6 　回到**选择要备份的项**界面后单击 下一步 按钮。

STEP 7 　如图11-2-7所示选择**远程共享文件夹**后单击 下一步 按钮。

图 11-2-7

STEP 8　如图11-2-8所示在**位置**处输入 "\\dc1\backup" 后单击 下一步 按钮。

图 11-2-8

STEP 9　在**确认**界面中单击 备份 按钮。

11.3 还原AD DS

在系统状态备份完成后，如果之后AD DS数据损坏，就可以通过执行**非授权还原**（nonauthoritative restore）的程序来修复AD DS。首先进入**目录服务修复模式**（或**目录服务还原模式**），然后利用之前的备份来执行**非授权还原**的工作。

如果系统无法启动，则应该执行完整服务器的还原程序，而不是**非授权还原**程序。

11.3.1 进入目录服务修复模式的方法

以下假设是在域控制器DC2上操作：单击左下角的**开始**图标 ⊞ ➾ **Windows PowerShell** ➾ 执行以下命令（见图11-3-1）：

```
bcdedit --% /set {globalsettings} advancedoptions true
```

图 11-3-1

重新启动计算机，之后将出现如图11-3-2所示的**高级启动选项**界面，选择**目录服务修复模式**后按 Enter 键，之后就会出现**目录服务修复模式**（**目录服务还原模式**）的登录界面（后述）。

图 11-3-2

> 如果希望改回启动时不要再显示此界面，请执行前述bcdedit命令，但是将最后的**true**改为**false**。
> 也可以不用执行任何命令，直接在域控制器上通过重新启动、完成自我检测后，在系统启动初期立即按 F8 键的方式来显示图11-3-2的**高级启动选项**界面，但是要抓准按 F8 键的时机。

11.3.2 执行AD DS的非授权还原

接下来需要利用**目录服务修复模式**的管理员账户与密码登录，并执行AD DS的标准修复程序，也就是**非授权还原**。以下假设之前制作的系统状态备份位于网络共享文件夹 \\dc1\backup内。

STEP **1** 在图11-3-2所示的界面中选择**目录服务修复模式**后，接着在图11-3-3的登录界面中输入**目录服务修复模式**的管理员的账户与密码来登录，其中用户名称可输入 **.\Administrator**或*计算机名称***Administrator**。

图 11-3-3

STEP 2 打开服务器管理器➪单击右上角的**工具**➪**Windows Server Backup**➪单击图11-3-4左侧的**本地备份**➪单击右侧的**恢复...**。

图 11-3-4

STEP 3 如图11-3-5所示选择**在其他位置存储备份**后单击下一步按钮。

图 11-3-5

STEP 4 如图11-3-6所示选择**远程共享文件夹**后单击下一步按钮。

图 11-3-6

STEP 5 如图11-3-7所示输入共享文件夹路径"\\dc1\backup"后单击 下一步 按钮。

图 11-3-7

STEP 6 如图11-3-8所示选择备份的日期与时间后单击 下一步 按钮。

图 11-3-8

STEP 7 如图11-3-9所示选择还原**系统状态**后单击 下一步 按钮。

图 11-3-9

STEP 8 如图11-3-10所示选择**原始位置**后单击 下一步 按钮。

STEP 9 在图11-3-11所示的界面中单击 确定 按钮。

图 11-3-10

STEP 10 参考图11-3-12中的说明后单击确定按钮。

图 11-3-11

图 11-3-12

STEP 11 如图11-3-13所示单击恢复按钮。

图 11-3-13

STEP 12 在图11-3-14所示的界面中单击是（Y）按钮。

图 11-3-14

STEP **13** 完成还原后，请按照界面指示重新启动计算机。

11.3.3 针对被删除的AD DS对象执行授权还原

如果域内只有一台域控制器，则只需要执行**非授权还原**即可，但是如果域内有多台域控制器，则还需配合**授权还原**。

例如域内有两台域控制器DC1与DC2，而且已经备份了域控制器DC2的系统状态，可是今天却不小心用**Active Directory管理中心**控制台删除了用户账户**王乔治**，之后这个变动数据会通过AD DS复制机制被复制到域控制器DC1，因此在域控制器DC1内的**王乔治**账户也会被删除。

> 当将用户账户删除后，此账户并不会立刻从AD DS数据库内移除，而是被移动到一个名称为**Deleted Objects**的容器内，同时这个用户账户的版本号码会被加1。系统默认是180天后才会将它从AD DS数据库内移除。

如果要恢复被不小心删除的**王乔治**账户，可能会在域控制器DC2上利用标准的**非授权还原**来将之前已经备份的旧**王乔治**账户还原，可是虽然在域控制器DC2内的**王乔治**账户已被还原了，但是在域控制器DC1内的**王乔治**却是被标记为**已删除**的账户，请问下一次DC1与DC2之间执行Active Directory复制程序时，将会有什么样的结果呢？

答案是在DC2内刚被还原的**王乔治**账户会被删除，因为对系统来说，DC1内被标记为**已删除**的**王乔治**的版本号码较高，而DC2内刚还原的**王乔治**是旧的数据，其版本号码较低。在第9章介绍过两个对象有冲突时，系统会以**标记**来作为解决冲突的依据，因此版本号码较高的对象会覆盖版本号码较低的对象。

如果要避免上述现象发生，则需要另外再执行**授权还原（权威还原）**。当在DC2上针对**王乔治**账户另外执行**授权还原**后，这个被还原的旧**王乔治**账户的版本号码将被增加，而且是从备份当天开始到执行**授权还原**为止，每天增加100,000，因此当DC1与DC2开始执行复制工作时，位于DC2的旧**王乔治**账户的版本号码会比较高，这个旧**王乔治**会被复制到DC1，将DC1内被标记为**已删除**的王乔治覆盖掉，也就是说旧**王乔治**被还原了。

以下练习假设上述用户账户**王乔治**是建立在域sayms.local的组织单位**业务部**内，我们需要先执行**非授权还原**，然后再利用**ntdsutil**命令来针对用户账户**王乔治**执行**授权还原**。可以按照以下的顺序来练习：

- 在域控制器DC2上建立组织单位**业务部**，在**业务部**内建立用户账户**王乔治**（george）。
- 等待组织单位**业务部**、用户账户**王乔治**账户被复制到域控制器DC1。
- 在域控制器DC2上备份**系统状态**。
- 在域控制器DC2上将用户账户**王乔治**删除（此账户会被移动到**Deleted Objects**容器内）。
- 等待这个删除信息被复制到域控制器DC1，也就是等待DC1内的**王乔治**被删除（默认是等15秒）。
- 在DC2上先执行**非授权还原**，然后执行**授权还原**，便会将被删除的**王乔治**账户还原。

以下仅说明最后一个步骤，也就是先执行**非授权还原**，然后执行**授权还原**。

STEP **1** 到DC2上执行**非授权还原**步骤，也就是11.3.2节的**执行AD DS的非授权还原**的STEP **1** ~ STEP **12**，注意不要执行STEP **13**，也就是完成还原后，**不要**重新启动计算机。

STEP **2** 继续在**Windows PowerShell**窗口下执行以下命令：

```
ntdsutil
```

STEP **3** 在"**ntdsutil:**"提示符下执行以下命令：

```
activate   instance   ntds
```

表示要将域控制器的AD DS数据库设置为启用。

STEP **4** 在"**ntdsutil:**"提示符下执行以下命令：

```
authoritative   restore
```

STEP **5** 在"**authoritative restore:**"提示符下，针对域sayms.local的组织单位**业务部**内的用户王乔治执行**授权还原**，其命令如下：

```
restore   object   CN=王乔治,OU=业务部,DC=sayms,DC=local
```

> 📝
>
> 如果要针对整个AD DS数据库执行**授权还原**，请执行**restore database**命令；如果要针对组织单位**业务部**执行**授权还原**，请执行以下命令（可输入**?**来查询命令的语法）：
> ```
> restore   subtree   OU=业务部,DC=sayms,DC=local
> ```

STEP **6** 在**授权还原确认对话**界面，单击 是（Y） 按钮，如图11-3-15所示。

STEP **7** 图11-3-16为前面几个步骤的完整操作过程。

STEP **8** 在"**authoritative restore:**"提示符下，执行quit命令。

STEP **9** 在"**ntdsutil:**"提示符下，执行**quit**命令。

STEP **10** 执行以下命令后，以常规模式重新启动系统。

图 11-3-15

```
bcdedit  --%  /set  {globalsettings}  advancedoptions  false
```

图 11-3-16

STEP 11 等待域控制器之间的AD DS自动同步完成或利用**Active Directory站点及服务**手动
同步。

完成同步工作后，可利用**Active Directory管理中心**来验证组织单位**业务部**内的用户账户
王乔治已经被还原，而也可以通过以下命令来验证**王乔治**账户的属性版本号码确实被增加了
100,000（见图11-3-17中的**版本**字段）：

```
repadmin  /showmeta  CN=王乔治,OU=业务部,DC=sayms,DC=local
```

图 11-3-17

11.4 AD DS数据库的整理

AD DS数据库与事务日志存储在%*systemroot*%\NTDS文件夹内（一般是C:\Windows），
一段时间以后，可能需要整理AD DS数据库来提高运行效率。

11.4.1 可重新启动的AD DS

如果要进行AD DS数据库维护工作（例如数据库脱机整理等），可以选择重新启动计算机，然后进入**目录服务修复模式**来执行维护工作。但如果这台域控制器也同时提供其他网络服务，例如它同时也是DHCP服务器，则重新启动计算机将造成这些服务会暂时停止对客户端提供服务。

除了进入**目录服务修复模式**之外，系统还提供**可重新启动的AD DS**功能，此时只需停止AD DS服务，就可执行AD DS数据库的维护工作，不需要重新启动计算机来进入**目录服务修复模式**。如此不但可让AD DS数据库的维护工作更容易、更快速完成，且其他服务也不会被中断。完成维护工作后再重新启动AD DS服务即可。

在AD DS服务停止的情况下，如果还有其他域控制器在线，则仍然可以在这台AD DS服务已经停止的域控制器上利用域用户账户来登录。

11.4.2 整理AD DS数据库

AD DS数据库的整理碎片（defragmentation）会使数据库内的数据排列更整齐，使对象的读取更快速，可以提升AD DS运行效率。AD DS数据库的整理分为：

- **在线整理**：每一台域控制器每隔12小时会自动执行**垃圾回收程序**（garbage collection process），它会整理AD DS数据库。**在线整理**不会减少AD DS数据库文件（ntds.dit）的大小，而只是将数据有效率地重新整理、排列。由于此时AD DS还在运行中，因此这个整理动作被称为**在线整理**。

  另外我们曾经说过，一个被删除的对象并不会立刻从AD DS数据库内移除，而是被移动到一个名称为**Deleted Objects**的容器内，这个对象在180天以后才会被自动清除，而这个清除动作也由**垃圾回收程序**负责。虽然对象已被清除，不过腾出的空间并不会还给操作系统，也就是数据库文件的大小并不会减少。但是当建立新对象时，该对象就可以使用腾出的可用空间。

- **脱机整理**：脱机整理需在AD DS服务停止时或进入目录服务修复模式手动进行，脱机整理会建立一个全新的、整齐的数据库文件，并会将已删除的对象所占用空间还给操作系统，因此可腾出硬盘空间给操作系统或其他应用程序使用。

> 在一个内含多个域的林中，如果有一台域控制器曾经兼具**全局编录服务器**角色，但现在已经不再是**全局编录服务器**，则这台域控制器经过**脱机整理**后，其新的AD DS数据库文件会比原来的文件小很多，也就是说可以腾出很多的硬盘空间给操作系统。

以下将介绍**脱机整理**的步骤，不过我们不采用进入**目录服务修复模式**的方式，而是采用将AD DS服务停止的方式来执行**脱机整理**工作。至少是隶属于Administrators组的成员。以下假设原数据库文件位于C:\Windows\NTDS文件夹，而我们要将整理后的新文件放到C:\NTDSTemp文件夹。

STEP **1** 单击左下角的开始图标⊞⊃单击**Windows PowerShell**。

STEP **2** 执行**net stop ntds**命令，输入**Y**后按 Enter 键来停止AD DS服务（它也会将其他相关服务一起停止）。

STEP **3** 在**Windows PowerShell提示符**下执行以下命令（参考图11-4-1）：

```
ntdsutil
```

图11-4-1

STEP **4** 在"**ntdsutil:**"提示符下执行以下命令：

```
activate instance ntds
```

表示要将域控制器的**AD DS**数据库设定为启用。

STEP **5** 在"**ntdsutil:**"提示符下执行以下命令：

```
files
```

STEP **6** 在"**file maintenance:**"提示符下执行以下命令：

```
info
```

它可以查看**AD DS**数据库与事务日志目前的存储地点，由图11-4-1下方可知它们目前都位于C:\Windows\NTDS文件夹内。

STEP **7** 在"**file maintenance:**"提示符下，如图11-4-2所示执行以下命令，以便整理数据库文件，并将所产生的新数据库文件放到E:\NTDSTTemp文件夹内（新文件的名称还是**ntds.dit**）：

```
compact to C:\NTDSTemp
```

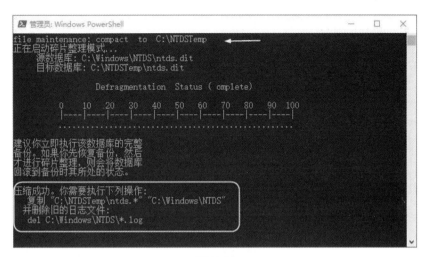

图11-4-2

如果路径中有空格符，请在路径前后加上双引号，例如"C:\New Folder"。

如果要将新文件放到网络驱动器，例如K:，请使用**compact to K:**。

STEP **8** 暂时不要离开**ntdsutil**程序，打开**文件资源管理器**后执行以下几个步骤：

- 将原数据库文件C:\Windows\NTDS\ntds.dit备份起来，以备不时之需。
- 将C:\NTDSTemp\ntds.*复制到C:\Windows\NTDS文件夹，并覆盖原数据库文件。
- 将原事务日志C:\Windows\NTDS*.log删除。

STEP **9** 继续在**ntdsutil**程序的"**file maintenance:**"提示符下，如图11-4-3所示执行以下命令，以便执行数据库的完整性检查：

```
integrity
```

图11-4-3

由图11-4-3下方所显示的信息"Integrity check successful"可知完整性检查成功。

STEP **10** 在"**file maintenance:**"提示符下执行以下命令：

```
quit
```

STEP **11** 在"**ntdsutil:**"提示符下执行以下命令：

```
quit
```

STEP **12** 回到**Windows PowerShell提示符**下执行以下命令，以便重新启动AD DS服务：

```
net  start  ntds
```

如果无法启动AD DS服务，请试着采用以下方法来解决问题：

- 利用**事件查看器**来查看**目录服务**日志文件，如果有事件ID为1046或1168的事件日志，则利用备份来还原AD DS。
- 再执行数据库完整性检查，如果检查失败，请将之前备份的数据库文件ntds.dit复制回原数据库存储地点，然后重复数据库整理动作；如果这个动作中的数据库完整性检查还是失败，请执行数据库分析工作（在"**ntdsutil:**"提示符下输入semantic database analysis后按 Enter 键，再执行go fixup命令）；如果还是失败，请执行修复数据库的动作（在"**file maintenance:**"提示符下执行recover命令）。

> 如果要移动AD DS数据库，可以在"**file maintenance:**"提示符下执行move db to 新目的地文件夹；如果要移动日志文件，可以在"**file maintenance:**"提示符下执行move logs to 新目的地文件夹。

11.5 重置目录服务修复模式的管理员密码

如果忘记了**目录服务修复模式**的管理员密码，以至于无法进入**目录服务修复模式**，该怎么办呢？此时可以在常规模式下，利用**ntdsutil**程序来重置**目录服务修复模式**的管理员密码，其步骤如下：

STEP **1** 用域管理员账户登录到域内的任何一台成员计算机上。

STEP **2** 单击左下角的**开始**图标⊞➯单击**Windows PowerShell**，然后执行以下命令：

```
ntdsutil
```

STEP **3** 在"**ntdsutil:**"提示符下执行以下命令：

```
set  DSRM  password
```

STEP **4** 在"**重置DSRM管理员密码:**"提示符下执行以下命令：

```
reset  password on server  dc2.sayms.local
```

以上命令假设要重置域控制器dc2.sayms.local的**目录服务修复模式**的管理员密码。

要重置密码的域控制器，其AD DS服务必须处于启用状态。

STEP 5 输入与确认新密码。

STEP 6 连续输入**quit**命令以便离开**ntdsutil**程序。图11-5-1为以上几个主要步骤的操作界面。

图 11-5-1

11.6 更改可重新启动的AD DS的登录设置

在AD DS服务停止的情况下，只要还有其他域控制器在线，则仍然可以在这台AD DS服务已经停止的域控制器上使用域用户账户来登录。但如果没有其他域控制器在线，可能会造成问题，例如：

（1）在域控制器上利用域管理员的身份登录。

（2）停止AD DS服务。

（3）一段时间未操作此计算机，因而屏幕保护程序被启动，且需输入密码才能解锁。

此时如果要继续使用这台域控制器，就需输入原账户（域管理员）的密码来解锁，不过因为AD DS服务已经停止，而且网络上也没有其他域控制器在线，因此无法验证密码，也就无法解锁。如果事先更改默认注册表设置，就可以在这个时候用**目录服务修复模式**（DSRM）的管理员（**DSRM管理员**）账户来解除锁定。更改注册表设置的方法为：执行注册表编辑器REGEDIT.EXE，然后修改或添加以下的注册表值：

```
HKEY_LOCAL_MACHINE\System\CurrentControlSet\Control\Lsa\DSRMAdminLogonBeha
vior
```

DSRMAdminLogonBehavior的数据类型为REG_DWORD，它用来决定在这台域控制器以正常模式启动，但AD DS服务停止的情况下，是否可以利用**DSRM管理员**登录：

- **0**：不可以登录。**DSRM管理员**只可以登录到**目录服务修复模式**（默认值）。

- **1**：**DSRM管理员**可以在AD DS服务停止的情况下登录，不过**DSRM管理员**不受密码策略设置的约束。在域中只有一台域控制器的情况之下，或某台域控制器是在一个隔离的网络等情况之下，此时可以将此参数改为这个设置值。
- **2**：在任何情况之下，也就是不论AD DS服务是否启动，不论是否在**目录服务修复模式**下，都可以使用**DSRM管理员**来登录。不建议采用此方式，因为**DSRM管理员**不受密码策略设置的约束。

11.7 Active Directory回收站

Active Directory回收站（Active Directory Recycle Bin）可以快速恢复被误删的对象。如果要启用**Active Directory回收站**，林与域功能级别需为Windows Server 2008 R2（含）以上的级别，因此林中的所有域控制器都必须是Windows Server 2008 R2（含）以上。如果林与域功能级别尚不符合要求，请参考2.4节的说明来提升功能级别。注意一旦启用**Active Directory回收站**，就无法再禁用，因此域与林功能级别也都无法再被降级。启用**Active Directory回收站**与恢复误删对象的演练步骤如下：

STEP 1 打开**Active Directory管理中心**➲单击图11-7-1左侧的域名**sayms**➲单击右侧的**启用回收站**（请先确认所有域控制器都在线）。

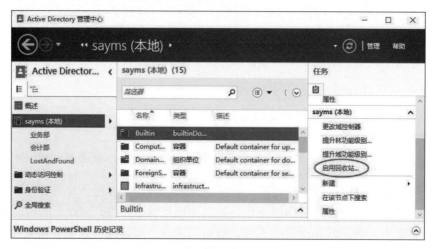

图 11-7-1

STEP 2 如图11-7-2所示单击确定按钮。

图 11-7-2

STEP **3** 在图11-7-3所示的界面中单击 确定 按钮后按 F5 键重新整理界面。

图 11-7-3

> 如果域内有多台域控制器或有多个域，则需等设置值被复制到所有的域控制器后，**Active Directory回收站**的功能才会完全正常。

STEP **4** 试着将某个组织单位（假设是**业务部**）删除，但是要先取消勾选**防止意外删除**的选项；如图11-7-4所示选择**业务部**，单击右侧的**属性**。

图 11-7-4

STEP **5** 在图11-7-5所示的界面中取消勾选**防止意外删除**选项后单击 确定 按钮，然后选中组织单位**业务部**并右击➲删除➲单击两次**是（Y）**按钮。

图 11-7-5

STEP **6** 接下来要通过**回收站**来恢复组织单位**业务部**：双击图11-7-6中的**Deleted Objects**容器。

图 11-7-6

STEP **7** 在图11-7-7所示的界面中选择要恢复的组织单位**业务部**后，单击右侧的**还原**来将它还原到原始位置。

图 11-7-7

STEP **8** 组织单位**业务部**还原完成后，继续在图11-7-8所示的界面中选择原本位于组织单位**业务部**内的用户账户后单击**还原**。

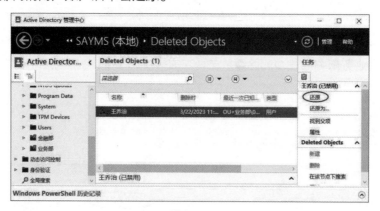

图 11-7-8

STEP **9** 利用**Active Directory管理中**心来检查组织单位**业务部**与用户**王乔治**等是否已被成功还原，而且这些被还原的对象也会被复制到其他的域控制器。

第 12 章 将资源发布到 AD DS

将资源发布（publish）到**Active Directory域服务**（AD DS）后，域用户便能够很方便地找到这些资源。可以被发布的资源包含用户账户、计算机账户、共享文件夹、共享打印机与网络服务等，其中有的在建立对象时就会被自动发布，例如用户账户与计算机账户，而有的需要手动发布，例如共享文件夹。

- ⮞ 12.1 将共享文件夹发布到AD DS
- ⮞ 12.2 查找AD DS内的资源
- ⮞ 12.3 将共享打印机发布到AD DS

12.1 将共享文件夹发布到AD DS

将共享文件夹发布到**Active Directory域服务**（AD DS）后，域用户就可以通过AD DS轻易地查找、访问此共享文件夹。Domain Admins或Enterprise Admins组内的用户，或被委派权限者，才可以发布共享文件夹。

以下假设要将服务器DC1内的共享文件夹**C:\图库**，通过组织单位**业务部**来发布。请先利用**文件资源管理器**将此文件夹设置为共享文件夹（可通过【选择文件夹并右击⭢授予访问权限⭢特定用户】的方法），同时假设其共享名为**图库**。

12.1.1 利用Active Directory用户和计算机控制台

STEP **1** 打开**服务器管理器**⭢单击右上角的**工具**⭢**Active Directory**用户和计算机⭢如图12-1-1所示选中组织单位**业务部**并右击⭢**新建**⭢**共享文件夹**。

图 12-1-1

STEP **2** 在图12-1-2所示的界面中的**名称**处为此共享文件夹设置名称，在**网络路径**处输入此共享文件夹所在的路径"**\\dc1\图库**"，单击确定按钮。

图 12-1-2

STEP**3**　在图12-1-3所示的界面中双击刚才建立的对象**图库**。

图 12-1-3

STEP**4**　在图12-1-4所示的界面中单击 关键字 按钮。

STEP**5**　通过如图12-1-5所示的界面来添加与此文件夹有关的关键字（例如**图标**、**网络图形**等），让用户可以通过关键字来查找此共享文件夹。完成后单击 确定 按钮。

图 12-1-4

图 12-1-5

12.1.2　利用计算机管理控制台

STEP**1**　在共享文件夹所在的计算机（DC1）上【打开**服务器管理器**➲单击右上角的**工具**➲**计算机管理**】。

STEP**2**　如图12-1-6所示【展开**系统工具**➲**共享文件夹**➲**共享**➲双击中间的共享文件夹**图库**】。

图 12-1-6

STEP 3 如图12-1-7所示【选择 发布 选项卡 ➲勾选**将这个共享在Active Directory中发布**➲单击 确定 按钮】。也可通过图右下方的 编辑 按钮来添加关键字。

图 12-1-7

12.2 查找AD DS内的资源

系统管理员或用户可以通过多种方法来查找发布在AD DS内的资源，例如可以通过网络或**Active Directory用户和计算机**控制台来查找。

12.2.1 通过网络查找AD DS内的资源

以下分别说明如何在域成员计算机内通过网络来查找AD DS内的共享文件夹。

以Windows 10、Windows 8.1为例：【打开**文件资源管理器**➲如图12-2-1所示先单击左下角的**网络**➲再单击最上方的**网络**➲单击上方的**搜索Active Directory**➲在**查找**处选择**共享文件夹**➲设置查找的条件（例如图中利用**关键字进行查找**）➲单击 开始查找 按钮】。

图 12-2-1

如图12-2-2所示为查找到的共享文件夹，可以直接双击此共享文件夹来访问其中的文件，或通过选中此共享文件夹并右击的方式来管理、访问此共享文件夹。

图 12-2-2

12.2.2 通过Active Directory用户和计算机控制台 查找AD DS内的资源

一般来说，只有系统管理员才会使用**Active Directory用户和计算机**控制台。而这个控制台默认只存在于域控制器的**Windows管理工具**内，其他成员的计算机需要另外安装或添加，其相关说明请参考2.8节。

如果想要通过**Active Directory用户和计算机**控制台来查找共享文件夹：【如图12-2-3所示选中域名**sayms.local**并右击⊃**查找**⊃在**查找**处选择**共享文件夹**⊃设置查找的条件（例如图中利用**关键字**进行查找）⊃单击 开始查找 按钮】。

图 12-2-3

12.3 将共享打印机发布到AD DS

将共享打印机发布到**Active Directory域服务**（AD DS）后，便可以让域用户很方便地通过AD DS来查找、使用这台打印机。

12.3.1 发布打印机

域内的Windows成员计算机，有的默认会自动将共享打印机发布到AD DS，有的需要手动发布。首先请先参照以下说明来找到打印机的设置窗口：

- **Windows Server 2022、Windows Server 2019、Windows Server 2016、Windows 10**：单击左下角的**开始图标**▭➲单击**设置图标**▨➲**设备**➲**打印机和扫描仪**➲单击要被共享的打印机➲单击 管理 按钮➲单击**打印机属性**。
- **Windows 11**：单击下方的**开始图标**▦➲单击**设置图标**▨➲**蓝牙与设备**（可能需先单击左上角的三条线图标☰）➲**打印机和扫描仪**➲单击要被共享的打印机➲单击**打印机属性**。
- **Windows Server 2012 R2、Windows Server 2012、Windows 8.1（8）**：按▭+ X 组合键➲**控制台**➲**硬件**（硬件和音效）➲**设备和打印机**➲选中共享打印机并右击➲单击**打印机属性**。

接下来如图12-3-1所示（此为Windows Server 2022的界面）单击**共享**选项卡➲勾选**列入目录**➲单击 确定 按钮。

图 12-3-1

查看发布到AD DS的共享打印机

可以通过**Active Directory用户和计算机**来查看已被发布到AD DS的共享打印机，不过需先如图12-3-2所示【选择**查看菜单**➲**将用户、联系人、组和计算机作为容器**】。

图 12-3-2

接着在**Active Directory用户和计算机**中选择拥有打印机的计算机后就可以看到被发布的打印机，如图12-3-3所示，图中的打印机对象名称是由计算机名称与打印机名称组成的，可以自行变更此名称。

图 12-3-3

12.3.2 通过AD DS查找共享打印机

系统管理员或用户利用AD DS来查找打印机的方法，与查找共享文件夹的方法类似，请参考12.2节**查找AD DS内的资源**的说明。

12.3.3 通过"打印机位置"来查找打印机

如果AD DS内拥有多个站点，且每个站点内都有许多已被发布到AD DS的共享打印机，则可以通过**打印机位置**让用户来查找适合自己使用的共享打印机。

1. 常规的打印机位置查找功能

如果为每一台打印机都设置**位置**，则用户可以通过**位置**来查找位于指定**位置**的打印机，例如图12-3-4中的打印机**位置**被设置为**第1栋大楼**，则用户可以如图12-3-5所示通过**位置**来查找位于**第1栋大楼**的打印机。

建议在打印机的**位置**处的文字采用类似**北京/第1栋大楼**、**北京/第2栋大楼**的格式，这样用户在查找打印机时会更方便、快捷。

图 12-3-4

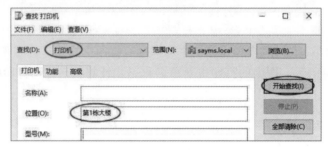

图 12-3-5

- 如果用户要查找位于**北京/第1栋大楼**内的打印机，可以在**位置**处输入**北京/第1栋大楼**。
- 如果用户需要同时查找位于**北京/第1栋大楼**与**北京/第2栋大楼**的打印机，只需要在**位置**处输入**北京**即可，系统会同时列出位于**北京/第1栋大楼**与**北京/第2栋大楼**的打印机。

2. 高级的打印机位置查找功能

用户在使用前面图12-3-5中的**位置**字段来查找打印机时，必须自行输入**北京/第1栋大楼**这些文字，但如果我们事先做适当设置，就可以让系统自动为用户在**位置**字段处填入**北京/第1栋大楼**，让用户更方便地查找适合的打印机。

要达到上述目的，就必须为每一个AD DS站点设置**位置**，同时也为每一台打印机设置**位置**，我们以图12-3-6为例来进行说明：

图 12-3-6

- 站点**SiteA**的位置被设为**北京/第1栋大楼**，同时这个站点内的每一台打印机（Printer1与Printer2）的位置也被设为**北京/第1栋大楼**。

- 站点SiteB的位置被设为**北京/第2栋大楼**，同时这个站点内的每一台打印机（Printer3与Printer4）的**位置**也都被设为**北京/第2栋大楼**。

- 由于用户的计算机（IP地址192.168.8.3/24）位于SiteA内，而SiteA的位置为**北京/第1栋大楼**，因此当此用户在查找打印机时，系统便会自动在查找打印机的界面中的**位置**字段填入**北京/第1栋大楼**，不需要用户自行输入，让用户在查找打印机时更加方便。

以上功能被称为**打印机位置追踪**（printer location tracking），而这个功能的设置分为以下四大步骤：

STEP **1**　**利用组策略启用打印机位置追踪功能**：可以针对整个域内的所有计算机或某个组织单位内的计算机来启用这个功能：【计算机配置⊃策略⊃管理模板⊃打印机⊃如图12-3-7所示启用**预设打印机搜索位置文本**】，图中是利用Default Domain Policy来对域内的所有计算机进行设置。

图 12-3-7

STEP **2**　**利用Active Directory站点和服务建立IP子网**：例如图12-3-8中建立了192.168.8.0与192.168.9.0两个IP子网，它们分别被归纳在SiteA与SiteB内。

图 12-3-8

STEP **3**　**设置每一个IP子网的位置**：如图12-3-9所示【单击192.168.8.0子网⊃单击上方的**属性**图标⊃选择**位置**选项卡⊃在**位置**处输入**北京/第1栋大楼**】。继续将第2个子网192.168.9.0的**位置**设置为**北京/第2栋大楼**。

图 12-3-9

STEP **4** **设置每一台计算机上的打印机的位置**:如图12-3-10所示在打印机属性的**位置**处输入
其位置字符串（以Windows Server 2022为例），图中为SiteA内某一台打印机的**位
置**。也可以单击 浏览 按钮来选择位置，不过STEP **1** 的组策略设置需已应用到此计算
机，才会出现 浏览 按钮。

图 12-3-10

也可以通过Windows Server 2022的**打印管理**控制台来集中设置每一台打印机的**位置**，并
通过安装**打印和文件服务工具**来拥有**打印管理**控制台。安装完成后，可通过【**打开服务
器管理器 ➲ 单击右上角的工具 ➲ 打印管理**】来使用此控制台。

完成以上设置后，客户端用户在查找打印机时，系统就会自动为用户在**位置**处填入正确
的位置字符串，如图12-3-11所示。

图 12-3-11

第 13 章　自动信任根 CA

在PKI（Public Key Infrastructure，公钥基础结构）的架构下，企业可以通过向CA申请到的证书来确保数据在网络上进行传送的安全性，然而用户的计算机需要信任发放证书的CA。本章将介绍如何通过AD DS的组策略来让域内的计算机自动信任指定的**根CA**（root CA）。

- ➲　13.1　自动信任CA的设置准则
- ➲　13.2　自动信任内部的独立CA
- ➲　13.3　自动信任外部的CA

13.1 自动信任CA的设置准则

可以通过AD DS组策略，来让域内所有计算机都自动信任指定的根CA，也就是自动将这些根CA的证书发送、安装到域内所有计算机：

- 如果是企业根CA（enterprise root CA），则不需要另外设置组策略，因为AD DS会自动将企业根CA的证书发送到域内所有计算机，也就是说域内所有计算机都会自动信任企业根CA。
- 如果是安装在成员服务器上的独立根CA（stand-alone root CA），而且是由域管理员所安装的，则也不需要另外设置组策略，因为AD DS也会自动将此独立根CA的证书发送到域内所有计算机。
- 如果是安装在独立服务器的独立根CA，或是安装在成员服务器上的独立根CA但执行安装工作的用户不具备访问AD DS的权限，则需要另外通过**受信任的根证书颁发机构策略**（trusted root certificate authority policy）来将此独立根CA的证书自动发送到域内所有计算机。
- 如果不是搭建在公司内部的独立根CA，而是外部的独立根CA，则需要另外通过企业信任策略（enterprise trust policy）来将此独立根CA的证书自动发送到域内所有计算机。

（1）Windows计算机只要信任了根CA，它们默认就会自动信任根CA之下所有的二级CA（subordinate CA）。

（2）有关证书概念与操作的部分内容，可参阅《**Windows Server 2022系统与网站配置实战**》这本书的第16章。

我们将针对后面两种情况，说明如何利用**受信任的根证书颁发机构策略**与**企业信任策略**，来让域内的计算机自动信任我们所指定的独立根CA。

13.2 自动信任内部的独立CA

如果公司内部的独立根CA是利用Windows Server的**Active Directory 证书服务**所搭建的，而且是安装在独立服务器上，或是安装在成员服务器上但执行安装工作的用户不具备访问AD DS权限，则需要通过**受信任的根证书颁发机构策略**来将此独立根CA的证书自动发送到域内的计算机，也就是让域内的计算机都自动信任此独立根CA。我们将利用以下两大步骤来练习将名称为**Server1 Standalone Root CA**的独立根CA的证书自动发送到域内的所有计算机：

- 下载独立根CA的证书并保存。
- 将独立根CA的证书导入受信任的根证书颁发机构策略。

13.2.1 下载独立根CA的证书并保存

STEP 1 到任何一台计算机上运行网页浏览器，并输入以下的URL路径：

http://CA 的主机名、计算机名称或 IP 地址/certsrv

以下是具体的IP地址示例，其中假设CA的IP地址为192.168.8.31。

STEP 2 在图13-2-1所示的界面中单击**下载CA证书、证书链或CRL**。

图 13-2-1

STEP 3 在图13-2-2所示的界面中单击**下载CA证书**或**下载CA证书链**。

图 13-2-2

STEP 4 通过接下来的界面将下载的CA证书保存到本地：

- 如果之前选择的是**下载CA证书**，则文件名默认是certnew.cer（内含证书）。
- 如果之前选择的是**下载CA证书链**，则文件名默认是certnew.p7b（内含证书与证书路径）。

如果计算机的**根证书存储区域**（root store）内已经有该CA的证书，也就是此计算机已经信任该CA，则可以利用另外一种方式来保存CA的证书：【单击下方的**文件资源管理器**图标 ➭ 选中左下方的**网络**并右击 ➭ **属性** ➭ 单击左下角的**Internet**选项 ➭ 选择**内容**选项卡 ➭ 单击 导出 按钮 ➭ 如图13-2-3所示选择**受信任的根证书颁发机构**选项卡 ➭ 选择CA的证书 ➭ 单击 导出 按钮】。

图13-2-3

13.2.2 将CA证书导入受信任的根证书颁发机构

假设要让域内所有计算机都自动信任前述的独立根CA，即**Server1 Standalone Root CA**，而且要通过Default Domain Policy来设置。

如果仅是要让某个组织单位内的计算机来信任前述独立根CA，请通过该组织单位的GPO来设置。

STEP **1** 到域控制器上【打开**服务器管理器** ➭ 单击右上角的**工具** ➭ **组策略管理** ➭ 如图13-2-4所示展开到域sayms.local ➭ 选中**Default Domain Policy**并右击 ➭ **编辑**】。

STEP **2** 如图13-2-5所示【展开**计算机配置** ➭ **策略** ➭ **Windows设置** ➭ **安全设置** ➭ **公钥策略** ➭ 选中**受信任的根证书颁发机构**并右击 ➭ **导入**】。

STEP **3** 出现**欢迎使用证书导入向导**界面时单击 下一步 按钮。

STEP **4** 在图13-2-6中所示的界面中选择之前下载的CA证书文件后单击 下一步 按钮，图中我们选择内含证书与证书路径的.p7b文件。

图 13-2-4

图 13-2-5

图 13-2-6

STEP 5 在图13-2-7所示的界面中单击下一步按钮。

STEP 6 出现**完成证书导入向导**界面时单击完成按钮。

STEP 7 图13-2-8为完成后的界面。

图 13-2-7

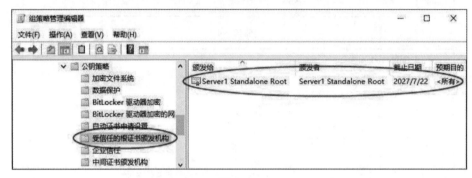

图 13-2-8

域内所有计算机在应用这个策略后，就会自动信任上述的独立根CA。也可以在每一台成员计算机上执行**gpupdate**命令来快速应用此策略。可以通过以下方法来检查这些计算机是否已经信任这台名称为**Server1 Standalone Root CA**的独立根CA：【单击下方的**文件资源管理器图标** ➲选中左下方的**网络**并右击➲**属性**➲单击左下角的**Internet**选项➲单击**内容**选项卡➲单击 导出 按钮➲如图13-2-9所示单击**受信任的根证书颁发机构**选项卡】，由图中可知此计算机（假设是Windows 11）已经信任此独立根CA。

图 13-2-9

13.3　自动信任外部的CA

可以让域内所有计算机都自动信任位于外部的根CA，其方法是先建立**证书信任列表**（certificate trust list，CTL），然后通过**企业信任策略**来将**证书信任列表**内所有根CA的证书发送到域内所有计算机，让域内所有计算机都自动信任这些根CA。

虽然外界的根CA可以发放各种不同用途的证书，例如用来保护电子邮件的证书、服务器验证的证书等，可是有时候希望信任此根CA所发放的证书只能够用在单一用途上，例如服务器验证，其他用途一概拒绝信任，这些设置也一并通过**证书信任列表**来完成。

以下将建立一个**证书信任列表**来让域内所有计算机都自动信任名称为External Standalone Root CA的独立根CA，不过只信任其用在**服务器验证**的单一用途上。

首先需取得此独立根CA的证书，然后因为**证书信任列表**必须经过签名，所以还需申请一个用来对**证书信任列表**签名的证书。我们将通过以下三大步骤来练习：

- 下载独立根CA的证书并保存。
- 申请可以对**证书信任列表**签名的证书。
- 建立**证书信任列表**。

13.3.1　下载独立根CA的证书并保存

假设独立根CA的名称为External Standalone Root CA，我们要下载此独立根证书并保存，文件名是ExtCertnew.p7b：

- 如果这台独立根CA是利用Windows Server的**Active Directory证书服务**搭建的，则其操作方法与13.2.1节**下载独立根CA的证书并保存**相同，此处不再赘述。
- 如果这台根CA是利用其他软件搭建的，则请参考该软件的文件来操作。

申请可以对证书信任列表签名的证书

由于**证书信任列表**需经过签名，因此需申请一个可以对**证书信任列表**签名的证书。假设我们要向名称为Sayms Enterprise Root CA的企业根CA申请此证书。

STEP **1**　登录域控制器，然后按 ⊞+ R 组合键 ➲ 执行certmgr.msc后单击 确定 按钮。

STEP **2**　如图13-3-1所示选中个人并右击 ➲ 所有任务 ➲ 申请新证书。

STEP **3**　出现**在你开始前**界面时单击 下一步 按钮。

STEP **4**　出现**选取证书注册策略**界面时单击 下一步 按钮。

STEP **5**　在图13-3-2所示的界面中勾选**管理员**后单击 注册 按钮。

STEP **6**　出现**证书安装结果**界面时单击 完成 按钮。

图 13-3-1

图 13-3-2

13.3.2 建立证书信任列表

以下所要建立的**证书信任列表**内包含名称为**External Standalone Root CA**的外部独立根 CA的证书，也就是要让域内所有计算机都自动信任此独立根CA，而我们将通过Default Domain Policy来设置。

STEP **1** 打开**服务器管理器**⮞单击右上角的**工具**⮞**组策略管理**⮞如图13-3-3所示展开到域 sayms.local⮞选中**Default Domain Policy**并右击⮞**编辑**。

图 13-3-3

STEP **2** 展开计算机配置➜策略➜**Windows**设置➜安全设置➜公钥策略➜如图13-3-4所示选中企业信任并右击➜新建➜证书信任列表。

图 13-3-4

STEP **3** 出现**欢迎使用证书信任列表向导**界面时单击 下一步 按钮。

STEP **4** 在图13-3-5所示的界面中勾选CTL的用途**服务器身份验证**后单击 下一步 按钮。

图 13-3-5

STEP **5** 在图13-3-6所示的界面中单击 从文件添加 按钮。

图 13-3-6

STEP **6** 在图13-3-7所示的界面中选择外部独立根CA（External Standalone Root CA）的证书
文件后单击打开按钮。

图 13-3-7

STEP **7** 在图13-3-8所示的界面中单击下一步按钮。

图 13-3-8

STEP **8** 在图13-3-9所示的界面中单击从存储区域选取按钮➲选择我们在前面申请的用来对
CTL签名的证书➲单击确定按钮。

图 13-3-9

STEP **9** 接下来两个界面都直接单击下一步按钮。

STEP **10** 在图13-3-10所示的界面中为**名称和描述**填写**友好名称**与**描述**后单击 下一步 按钮。

图 13-3-10

STEP **11** 出现**正在完成证书信任列表向导**界面时单击 完成 按钮，然后单击 确定 按钮。

STEP **12** 图13-3-11为完成后的界面。

图 13-3-11

域内所有计算机在应用这个策略后，就会自动信任上述的外部独立根CA。也可以在每一台成员计算机上执行**gpupdate**命令来快速应用此策略，可以在这些计算机上通过**证书**管理控制台（按 ⊞+ R 组合键⊃输入**mmc**后单击 确定 按钮⊃选择**文件**菜单⊃**添加/删除管理单元**⊃从**列表**中选择**证书**后单击 添加 按钮⊃选择**计算机账户**后依序单击 下一步 按钮、 完成 按钮、 确定 按钮）来检查它们是否已经取得这个证书信任列表，如图13-3-12所示为已经成功获得此列表的界面。

图 13-3-12

也可以将此CTL导出保存，其方法为【选中此CTL并右击⊃**所有任务**⊃**导出**】，以后有需要时可以再通过【选中**企业信任**并右击⊃**导入**】的方法来导入。

第 14 章　利用 WSUS 部署更新程序

WSUS（Windows Server Update Services）可以将Microsoft产品的最新更新程序部署到企业内部的计算机。

14.1 WSUS概述

为了让用户的Windows系统与其他Microsoft产品能够更安全、更稳定、功能更强，Microsoft会不定期在网站上发布最新的**更新程序**（例如Update、Service Pack等）供用户下载与安装，然而用户无论是手动还是自动更新，都可能会有以下的问题：

- **影响网络效率**：如果企业内部每一台计算机都自行上网更新，将会增加对外网络的负担，影响对外连接的网络效率。
- **与现有软件相互干扰**：如果企业内部所使用的软件与更新程序有冲突，则用户自行下载与安装更新程序可能会影响该软件或更新程序的正常工作。

WSUS是一个可以解决上述问题的产品，例如图14-1-1中企业内部可以通过WSUS服务器集中从Microsoft Update网站下载更新程序，并在完成这些更新程序的测试工作，确定对企业内部计算机无不良影响后，再通过网管人员的审批程序（approve）将这些更新程序部署到客户端的计算机上。

客户端计算机　　　WSUS服务器　　　防火墙

图14-1-1

14.2 WSUS的系统需求

图14-1-1所示为基本的WSUS架构，WSUS服务器与客户端计算机都需满足适当的条件才可以享有WSUS的好处。可以在Windows Server 2022内通过添加角色的方式来安装WSUS。安装WSUS之前，建议先安装好以下组件：

- **Microsoft Report Viewer Redistributable 2012**：WSUS服务器需要通过它来制作各种不同的报告，例如更新程序状态报告、客户端计算机状态报告与同步处理结果报告等。
- **Microsoft System CLR Types for SQL Server 2012**：安装Microsoft Report Viewer Redistributable 2012前需要先安装Microsoft System CLR Types for SQL Server 2012。

WSUS服务器的系统分区（system partition）与安装WSUS的磁盘分区的文件系统都必须是NTFS。

可以利用WSUS服务器内建的**Windows Server 更新服务**管理控制台（**WSUS管理控制台**）来执行WSUS服务器的管理工作。也可以在其他计算机上管理WSUS服务器，不过需要在这些计算机上安装**Windows Server 更新服务管理控制台**，下面分别说明Windows Server 2022、Windows 11与Windows 10的情况：

- **Windows Server 2022（Windows Server 2019/2016等）**：可以通过服务器管理器的**添加角色和功能**来安装。请选择功能中的【**远程服务器管理工具 ⮕ 角色管理工具 ⮕ Windows Server 更新服务工具**】。

- **Windows 11**：请先确认可以连上Internet，然后【**单击左下角的开始图标 ⮕ 单击设置图标 ⮕ 单击应用处的可选功能**（可能需先单击左上角的三条线图标 ≡）**⮕ 单击添加可选功能处的查看功能 ⮕ 勾选RSAT：Windows Server 更新服务工具 ⮕ 单击 下一步 按钮 ⮕ 单击 安装 按钮**】。

- **Windows 10 1809（含）之后的版本**：请先确认可以连上Internet，然后【**单击左下角的开始图标 ⮕ 单击设置图标 ⮕ 单击应用和功能 ⮕ 单击可选功能 ⮕ 单击添加功能 ⮕ 单击 RSAT：Windows Server 更新服务工具 ⮕ 单击 安装 按钮**】。

- **Windows 10 1809之前的版本**：请到微软网站下载与安装**Windows 10 的远程服务器管理工具**（Remote Server Administration Tools for Windows 10）。

> 如果出现错误信息"Windows 无法访问指定的装置、路径或文件"，可能是因为没有合适的权限，所以无法访问项目。
>
> 此时可执行gpedit.msc，然后通过修改以下策略来解决问题：【**计算机设置 ⮕ Windows设置 ⮕ 安全设置 ⮕ 本地策略 ⮕ 安全选项 ⮕ 用户账户控制 ⮕ 用于内置管理员账户的管理员批准模式策略启用后重新启动计算机**】。
>
> 也可以不修改策略，直接通过【**选中左下角的开始图标 并右击 ⮕ 执行 ⮕ 输入control后单击 确定 按钮 ⮕ 单击硬件和音效下的查看查看和打印机 ⮕ Windows更新**】方法来解决。

安装完成后，Windows Server 2022、Windows 10等可通过【**单击左下角的开始图标 ⮕ Windows管理工具 ⮕ Windows Server 更新服务**】的方法来执行。

Windows 11可通过【**单击下方的开始图标 ⮕ 单击右上方的所有应用程序 ⮕ Windows工具 ⮕ Windows Server 更新服务**】的方法来执行。

除此之外，这些计算机还必须安装Microsoft System CLR Types for SQL Server 2012与Microsoft Report Viewer Redistributable 2012（后述）。

14.3 WSUS的特性与工作方式

为了让读者能更轻易地搭建WSUS环境，本节先解说WSUS的基本特性与工作方式。

14.3.1　利用计算机组来部署更新程序

如果能够将企业内部客户端计算机适当分组，就可以更容易与明确地将更新程序部署到指定的计算机。系统默认内建两个计算机组：**所有计算机**与**未分配的计算机**。客户端计算机第1次与WSUS服务器通信时，系统默认会将该计算机同时加入这两个组内。可以再添加更多的计算机组，例如图14-3-1中的**业务部计算机**组，然后将计算机从**未分配的计算机**组内移动到新组内。另外，因为WSUS服务器是从Microsoft Update网站下载的更新程序，所以最好经过测试后，再将它部署到客户端计算机，因此图中还建立了一个**测试计算机**组。我们应先将更新程序部署到**测试计算机**组内的计算机，待测试无误，确定对企业内部计算机无不良影响后，再将它部署到其他组内的计算机。

图 14-3-1

14.3.2　WSUS服务器的架构

也可以建立更复杂的WSUS服务器架构，也就是建立多台WSUS服务器，并设置让其中一台WSUS服务器（称为**主服务器**）从Microsoft Update网站获取更新程序，但是其他服务器并不直接连接Microsoft Update网站，而是从上游的**主服务器**来获取更新程序。例如图14-3-2中的上游WSUS服务器就是**主服务器**，而下游服务器会从上游的**主服务器获**取更新程序。

图 14-3-2

这种将WSUS服务器通过上下游方式串接在一起的工作模式有以下两种:

- **自治模式**: 下游服务器会从上游服务器取得更新程序, 但是并不包含更新程序的审批状态、计算机组信息, 因此下游服务器必须自行决定是否要审批这些更新程序与自行建立所需的计算机组。
- **副本模式**: 下游服务器会从上游服务器取得更新程序、更新程序的审批状态与计算机组信息, 所有可以在上游服务器管理的项目均无法在下游服务器自行管理, 例如不能够自行更改更新程序的审批状态等。

注意, 上述计算机组信息只有计算机组本身, 并不包含计算机组的成员, 必须自行在下游服务器来管理组成员, 而客户端计算机在第一次与下游WSUS服务器通信时, 这些计算机默认会被同时加入**所有计算机**与**未分配的计算机**组内。

可以根据公司网络环境的需要来采用上下游WSUS服务器串接的方式。例如, 可以通过从上游服务器下载一次更新程序, 然后将它分配给其他下游服务器, 以减轻Internet连接的负载。对于拥有大量客户端计算机的大公司来说, 只使用一台WSUS服务器来管理这些客户端计算机, 该服务器负载较重, 此时可以通过上下游服务器来分散管理。另外, 如果能够将更新程序放置在靠近客户端计算机的下游服务器上, 可以加快客户端计算机获取所需更新程序的速度。

采用上下游WSUS服务器串接架构, 还需要考虑不同语言的更新程序, 举例来说, 如果上游WSUS服务器搭建在总公司, 总公司需要的语言是简体中文, 而下游服务器搭建在分公司, 分公司需要的语言是英文, 虽然总公司仅需要简体中文的更新程序, 但必须在总公司的上游服务器选择从Microsoft Update网站同时下载简体中文与英文版的更新程序。换句话说, 连接Microsoft Update网站的上游WSUS服务器(主服务器), 必须下载所有下游服务器所需要的所有语言的更新程序, 否则下游服务器将无法获取所需语言的更新程序。

这种上下游WSUS服务器串接的方式, 建议最好不要超过3层(虽然理论上并没有层数限制), 因为每增加一层, 就会增加延迟时间, 因而拉长将更新程序传递到每一台计算机的时间。

14.3.3 选择数据库与存储更新程序的地点

可以利用Windows Server 2022的内置数据库或Microsoft SQL Server 2008 R2 SP1(或新版)来搭建数据库。每一台WSUS服务器都有自己独立的一个数据库, 这个数据库用来存储以下信息:

- WSUS服务器的设置信息。
- 描述每一个更新程序的metadata, 它包含以下数据:
  - **更新程序的属性**: 例如更新程序的名称、描述、相关文章编号(Knowledge Base编号)等。

- ◆　**适用规则**：用来判断更新程序是否适用于某台计算机。
- ◆　**安装信息**：例如安装时所需的命令行参数（command-line options）。
- 客户端计算机与更新程序之间的关系。

然而上述数据库并不会存储更新程序文件本身，必须另外选择更新程序文件的存储位置，可以有以下两种选择：

- **存储在WSUS服务器的本地硬盘内**：此时WSUS服务器会从Microsoft Update网站（或上游服务器）下载更新程序，并将它存储到本地硬盘内。此种方式让客户端可以直接从WSUS服务器获取更新程序，而不需要到Microsoft Update网站下载，如此便可以节省Internet连接的带宽。

  WSUS服务器的硬盘需有足够空间来存储更新程序文件，建议40GB以上的可用空间，不过实际需求要根据Microsoft释出的更新程序数量、下载的语言数量、产品的种类数量等因素而定。

- **存储在Microsoft Update网站**：此时WSUS服务器并不会从Microsoft Update网站下载更新程序，换句话说，当执行WSUS服务器与Microsoft Update之间的同步工作时，WSUS服务器只会从Microsoft Update网站下载更新程序的metadata数据，并不会下载更新程序本身。当审批客户端可以安装某个更新程序后，客户端直接连接Microsoft Update网站来下载更新程序。

14.3.4　延迟下载更新程序

WSUS允许延迟（defer）下载更新程序文件，也就是WSUS服务器会先下载更新程序的metadata，之后再下载更新程序文件。更新程序文件只有在审批该更新程序后才会被下载，这种方式可以节省网络带宽与WSUS服务器的硬盘空间使用量。WSUS延迟下载更新程序如图14-3-3所示。Microsoft建议采用延迟下载更新程序的方式，而它也是WSUS的默认设置。

图14-3-3

14.3.5　使用快速安装文件

客户端计算机要安装更新程序时，此计算机内可能已经有该更新程序的旧版文件，这个旧版文件与新更新程序之间的差异可能不大，如果客户端能够只下载新版与旧版之间的差异，然后利用将差异合并到旧文件的方式来更新，将会减少从WSUS服务器下载的数据量，从而降低对企业内部网络的负载需求。

不过采用这种方式，WSUS服务器从Microsoft Update网站所下载的文件（称为**快速安装文件**）会比较大，因为此文件内需包含新更新程序与各旧版文件之间的差异，所以WSUS服务器在下载文件时会占用较多的对外网络带宽。

假设更新程序文件的原始大小为100 MB，图14-3-4上半部是未使用**快速安装文件**的情况，此时WSUS服务器会从Microsoft Update网站下载这个大小为100 MB的文件，客户端从WSUS服务器也是下载100 MB的数据量。图下半部是使用**快速安装文件**的情况，此文件变为较大的200 MB（这是为了解释方便的假设值），虽然WSUS服务器需从Microsoft Update下载的文件大小为200MB，但是客户端从WSUS服务器仅需下载30 MB的数据量。系统默认并未使用**快速安装文件**。

图 14-3-4

14.4 安装WSUS服务器

搭建WSUS并不需要AD DS域环境，但是为了利用组策略来充分管理客户端的自动更新设置，建议在AD DS域环境下搭建WSUS。

我们将利用图14-4-1所示的环境来进行说明。图中安装了一台Windows Server 2022域控制器，计算机名称为DC，域名为sayms.local，它同时也是用来支持AD DS的DNS服务器；WSUS服务器也是Windows Server 2022成员服务器，计算机名称为WSUS；图中另外搭建了两台加入域的客户端计算机Win11PC1、Win10PC1。请先准备好图中所示的计算机，设置好其TCP/IPv4参数值（图中采用TCP/IPv4），搭建好AD DS域，将其他计算机加入域。

另外，为了能够从Microsoft Update网站下载更新程序，请确认图中所示的网络可以连上Internet，图中假设此网络是通过NAT（Network Address Translation，例如IP共享、宽带路由器等）连上Internet，且假设NAT局域网络端的IP地址为192.168.8.254。

图14-4-1

如果利用Hyper-V或VMware搭建虚拟机，并且虚拟机的虚拟硬盘是从同一个源盘复制，请务必在虚拟机上执行Sysprep.exe并勾选**通用**。

请利用Windows Update将图14-4-1中所示的两台Windows Server 2022更新到最新版：【单击下方的**开始**图标⊞⊃单击**设置**图标◙⊃**更新与安全**】。Windows 11与Windows 10可以暂时不用更新，这样方便稍后练习通过WSUS来更新。

到图14-4-1中所示的即将扮演WSUS服务器的计算机（计算机名称为WSUS）上利用域sayms\Administrator身份登录，然后通过以下步骤来安装WSUS。

STEP 1 到微软网站下载Microsoft System CLR Types for SQL Server 2012 SP4，它内含在 Microsoft® SQL Server® 2012 SP4 Feature Pack，下载时请从其中选择下载 SQLSysClrTypes.msi。接着还需下载Microsoft Report Viewer 2012 Runtime。这两个程序下载后，暂时都不需要安装。

STEP 2 打开**服务器管理器**，单击**仪表板**处的**添加角色和功能**。

STEP 3 持续单击 下一步 按钮一直到出现如图14-4-2所示的界面，勾选**Windows Server更新服务**，单击 添加功能 按钮，持续单击 下一步 按钮。

图14-4-2

STEP **4** 如图14-4-3所示采用默认选项后单击 下一步 按钮。图中选择内建数据库WID（Windows Internal Database），如果要使用SQL数据库，请改为勾选SQL Server Connectivity。

图 14-4-3

STEP **5** 在图14-4-4所示的界面中选择下载后的更新程序的存储位置，图中选择了本地的 C:\WSUS。

图 14-4-4

STEP **6** 持续单击 下一步 按钮一直到出现**确认安装选项**界面，单击 安装 按钮。

STEP **7** 安装完成后在图14-4-5所示的界面中单击**启动安装后任务**，然后单击 关闭 按钮（如果已经先关闭此窗口，可通过单击**仪表板**右上方的**旗帜**来设置）。

图 14-4-5

可以通过单击**服务器管理器**中**仪表板**右上方的叹号来查看后续的安装进度，如图14-4-6所示。

图14-4-6

STEP 8 安装完成后，接着安装由微软网站下载的Microsoft System CLR Types for SQL Server 2012　SP4（SQLSysClrTypes.msi）。完成后继续安装Microsoft Report Viewer 2012 Runtime，如果未先安装Microsoft System CLR Types for SQL Server 2012，则会显示如图14-4-7所示的警告信息。

图14-4-7

STEP 9 打开**服务器管理器**⊃单击右上角的**工具**⊃**Windows Server更新服务**，它会开始执行WSUS Server Update Services 配置向导。

STEP 10 出现Windows Server Update Services 配置向导的**开始之前**界面时单击 下一步 按钮。

也可以稍等片刻后通过**WSUS管理控制台**内的**选项**配置来执行WSUS Server 配置向导。

STEP 11 出现**Microsoft更新改善计划**界面时，请自行决定是否要参与此计划，然后单击 下一步 按钮。

STEP 12 在图14-4-8所示的界面中我们选择让WSUS服务器与Microsoft Update同步，也就是让服务器直接从Microsoft Update网站下载更新程序与Metadata等。

STEP 13 如果WSUS服务器需要通过企业内部的Proxy服务器（代理服务器）来连接Internet，请在图14-4-9所示的界面中输入Proxy服务器的相关信息，包含服务器名称、端口；如果需要验证身份，请再输入用户账户与密码等数据。完成后单击 下一步 按钮。

STEP 14 在图14-4-10所示的界面中单击 开始连接 按钮来从Windows Update网站（或上游服务器）取得更新程序的相关信息，这需要花点时间。完成后单击 下一步 按钮。

图 14-4-8

图 14-4-9

图 14-4-10

STEP **15** 在图14-4-11所示的界面中选择所需更新程序的语言后单击 下一步 按钮（图中我们选择下载简体中文版）。

图 14-4-11

STEP **16**　在图14-4-12所示的界面中选择所需更新程序的产品后单击 下一步 按钮。默认会下载
Windows系统的更新程序。

图 14-4-12

STEP **17**　在图14-4-13所示的界面中选择要下载的更新程序类型后单击 下一步 按钮。

图 14-4-13

STEP **18**　在图14-4-14所示的界面中选择手动或自动同步后单击 下一步 按钮。如果选择自动同
步，请设置第1次同步的时间与每天同步的次数（系统会自动设置同步间隔时间），

举例来说，如果设置第1次同步时间为3:00AM，且每天同步次数为4次，则系统会在3:00AM、9:00AM、3:00PM与9:00PM这4个时间点自动执行同步工作。

图14-4-14

STEP **19** 可勾选图14-4-15所示的界面中的选项来执行第1次同步工作。单击 下一步 按钮。

图14-4-15

STEP **20** 出现下一步做什么界面时直接单击 完成 按钮。

STEP **21** 由图14-4-16中可以看出目前的同步进度。

图14-4-16

以后如果要再次执行手动同步动作，可以通过图14-4-17中**同步**界面右侧的**立即同步**来完成。

图14-4-17

如果要将手动同步改成计划自动同步，请单击图14-4-18中左侧的**选项**，然后通过**同步计划**来设置。除此之外，前面安装过程中的所有设置也都可以通过此**选项**界面来更改。在同步动作尚未完成之前，无法存储所更改的设置，因此请耐心等待同步完成后再来更改设置。

图14-4-18

14.5 设置客户端的自动更新

要让客户端计算机能够通过WSUS服务器来下载更新程序，可以通过以下两种方法来完成：

- **组策略**：在AD DS域环境下可以通过组策略来进行设置。
- **本地计算机策略**：如果没有AD DS域环境，或客户端计算机未加入域，则可以通过本地计算机策略来进行设置。

以下我们利用域组策略来说明。假设要在域sayms.local内建立一个域级别的GPO（组策略对象），其名称为**WSUS策略**，然后通过这个GPO来设置域内所有客户端计算机的自动更新配置。

STEP **1** 到域控制器上打开服务器管理器➪单击右上角的工具➪组策略管理。

STEP **2** 如图14-5-1所示通过【选中域sayms.local并右击➪在这个域中创建GPO并在此链接➪设置GPO的名称（例如**WSUS策略**）后单击确定按钮】的方法来建立GPO。

图 14-5-1

STEP **3** 如图14-5-2所示【选中刚才建立的**WSUS策略**并右击➪编辑】。

图 14-5-2

STEP **4** 展开计算机配置➪策略➪管理模板➪**Windows**组件➪在图14-5-3所示的界面中双击**Windows**更新右侧的**配置自动更新**➪在前景图中选择客户端计算机的自动更新方式：

- **通知下载并自动安装**：在下载更新程序前会通知已登录的管理员，由他自行决定是否要现在下载与自动安装。
- **自动下载并通知安装**：自动下载更新程序，下载完成后、准备安装前会通知已登录的管理员，然后由他自行决定是否要现在安装。

图 14-5-3

- **自动下载并计划安装**：自动下载更新程序，且会在指定时间自动安装。选择此选项，还必须在界面下半段指定自动安装的日期与时间。

- **允许本地管理员选择设置**：前面几项设置完成后，就无法在客户端来更改，但此选项让在客户端登录的管理员可以通过**控制面板**来选择自动更新方式。

- **自动下载，通知安装，通知重启**：自动下载更新程序，下载完成后、准备安装前会通知已登录的管理员，然后由他自行决定是否要现在安装，安装完成后通知管理员重新启动。

STEP 5 在图14-5-4中双击**指定Intranet Microsoft更新服务位置**来指定让客户端从WSUS服务器取得更新程序，同时也设置让客户端将更新结果返回给WSUS服务器，这两处都输入**http://wsus.sayms.local:8530/**，其中的8530为WSUS网站的默认监听端口号。完成后单击确定按钮。

设置完成后，需等域内的客户端计算机应用这个策略之后才会生效，而客户端计算机默认是每隔90～120分钟应用一次，如果希望客户端能够快一点应用，请到客户端计算机上执行**gpupdate**命令（或重新启动客户端计算机）。

客户端可通过执行RSOP.MSC来查看上述策略设置的应用结果。

客户端计算机应用策略后，就无法在客户端来更改自动更新设置。

未加入域的计算机可执行GPEDIT.MSC，以便通过**本地计算机策略**来完成上述设置，而且设置完成后会立刻应用。

图 14-5-4

应用完成后，还需等客户端计算机主动开始与WSUS服务器通信，才能在**WSUS管理控制台**内看到这些客户端计算机，然后就可以开始将更新程序部署到这些计算机。不过客户端计算机在组策略应用完成后约20分钟才会主动去与WSUS服务器通信，如果不想等待，可以利用手动方式来与WSUS服务器通信，其方法为：到客户端上执行**wuauclt /detectnow**命令（在极少数的情况下，可能需要执行**wuauclt /resetauthorization /detectnow**）。

14.6 审批更新程序

请到WSUS服务器上【打开**服务器管理器**⮕单击右上角的**工具**⮕**Windows Server**更新服务⮕展开**计算机**之下的**所有计算机**⮕在中间窗口的**状态**字段选择**任何**】，之后将看到如图14-6-1所示的客户端计算机列表。如果有客户端计算机仍未显示在此界面，可以先到这些计算机上通过**gpupdate**来立即应用GPO内的组策略设置，然后再执行**wuauclt/detectnow**命令，以便加快让这些计算机出现在图14-6-1的界面中。

图中会显示每一台客户端计算机的计算机名称、IP地址、操作系统的种类（图中将Windows 11 Enterprise误显示为Windows 10 Enterprise）、已安装/不适用的更新程序数量占所有更新程序总数的百分比、客户端计算机上次向WSUS服务器报告更新状态的时间。可以在最上方中间的**状态**处选择根据不同的状态来显示计算机信息，例如选择只显示需要安装更新程序的客户端计算机，然后单击**刷新**。图中我们选择显示**任何**状态的计算机。

图 14-6-1

如果客户端有新的更新状态返回，而且希望立即返回，可到客户端计算机上执行**wuauclt /reportnow**命令。

如果有些客户端计算机还是未出现在图14-6-1中，则可在这些计算机上通过**检查更新**来解决问题，以Windows 11来说：【单击下方的**开始**图标■➲单击**设置**图标✿➲如图14-6-2所示单击左下角的**Windows更新**➲单击 检查更新 按钮】（如果图14-6-2中显示有更新可供下载或安装，请先安装这些更新，否则不会出现 检查更新 按钮；或是先单击界面中的**暂停1周**后再单击 继续更新 按钮）。

图14-6-2

14.6.1 建立新计算机组

为便于利用**WSUS管理控制台**来部署客户端计算机所需的更新程序（尤其是计算机数量较多时），建议将客户端计算机按类进行分组。请建立计算机组，例如我们要建立一个名称为**业务部计算机**的组，并将隶属于业务部的计算机移动到此组内。

STEP **1** 如图14-6-3所示【单击**所有计算机**界面右侧的**添加计算机组**➲输入组名**业务部计算机**后单击添加按钮】。

图 14-6-3

STEP **2** 将应该隶属于业务部的计算机，从**未分配的计算机组**移动到刚刚建立的**业务部计算机组**中：【如图14-6-4所示单击左侧**未分配的计算机**➲在**状态**处选择**任何**后单击**刷新**➲选择要移动到**业务部计算机组**的计算机➲单击右侧的**更改成员身份**➲在前景图中勾选**业务部计算机**组后单击确定按钮】。

图 14-6-4

14.6.2　审批更新程序的安装

WSUS所下载的更新程序都需要经过审批后，才能在客户端计算机上安装。此处假设要审批某个安全性更新，以便让**业务部计算机**组内的计算机来安装此更新程序：【如图14-6-5所示单击**安全更新**➲在**审批**处选择**未经审批**，在**状态**处选择**任何**后单击**刷新**➲单击其中一个更新程序➲单击右侧的**审批**➲选中**业务部计算机**组并右击➲**已审批进行安装**➲单击 确定 按钮】。之后如果要取消审批，请执行相同的步骤，但是需在**审批**处选择**未审批**。

图 14-6-5

> 在图14-6-5所示的界面中，更新程序右侧的**已安装/不适用的更新比例**字段的数值（图中为75%），表示已经安装此更新程序与不适用此更新程序的计算机数量占所有计算机数量总数的百分比，例如总共有100台计算机，其中60台计算机已经安装此更新程序，15台计算机不适用此更新程序，则此处的数值就是（60+15）/100=75%。
> WSUS默认会延迟下载更新程序，也就是WSUS服务器与Microsoft Update同步时仅会下载更新程序的metadata。当我们审批更新程序后，更新程序才会被下载，需等下载完成后，客户端计算机才可以开始安装此更新程序。

可通过在图14-6-6所示的界面上方的**审批**处选择**已审批**，来仅显示已经审批的更新，然后在更新程序右侧**审批**字段出现了**安装**（1/3）字样，表示目前有3个计算机组，其中有1个组已经被审批安装此更新程序。例如目前有**所有计算机**、**未分配的计算机**与**业务部计算机**3个组，但仅**业务部计算机**这1个组被审批安装此更新程序。

虽然已经审批此更新程序可以让**业务部计算机**组内的计算机来安装，但是客户端计算机默认是每隔22～26小时才会连接WSUS服务器来检查是否有最新更新程序可供下载（可利用**wuauclt /detectnow**命令来手动检查）。如果检查到有更新程序可供下载，那么客户端计算机何时会下载此更新程序呢？下载完成后何时才会安装呢？这些都要视图14-6-7的设置而定，此设置在图14-5-3中已设置过了，也进行了解释。

图 14-6-6

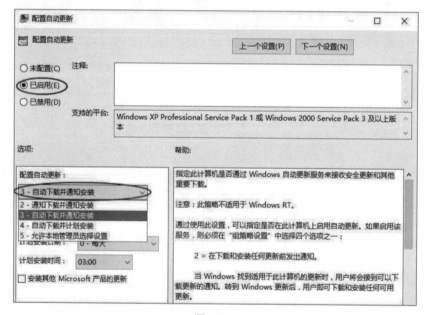

图 14-6-7

　　客户端默认是每隔一段时间才会连接WSUS服务器来检查是否有最新更新程序可供下载，此时间值可以通过图14-6-8的**自动更新检测频率**来更改，实际间隔时间是此处设置值加上0~4小时的随机值。如果此策略被设置为**已禁用**或**尚未设置**，则系统默认就是每隔22小时加上随机值。

　　如果客户端计算机希望能够早一点自动检查、下载与安装，以便来验证WSUS功能是否正常，客户端是否会通过WSUS服务器来安装更新程序，请将图14-6-8所示界面中的时间间隔缩短，然后到客户端执行**gpupdate**立即应用此策略，或是直接到客户端计算机执行**wuauclt /detectnow**命令。

　　客户端计算机如果要检查或安装更新程序，以Windows 11、Windows 10与Windows 8.1来说，可以通过以下方法：

- Windows 11：单击左下角的**开始图标**⬛⬛⊃单击**设置图标**⚙⊃**Windows 更新**。

图 14-6-8

- Windows 10：单击左下角的**开始**图标⊞➜单击**设置**图标➜**更新和安全**。
- Windows 8.1：选中左下角的**开始**图标⊞并右击➜控制面板➜**系统和安全**➜**Windows更新**。

14.6.3　拒绝更新程序

如果单击图14-6-9所示的界面中某个更新程序右侧的**拒绝**，则系统将解除其审批，同时在WSUS数据库内与此更新有关的报告数据（由客户端计算机返回的）都将被删除，在此界面上也看不到此更新程序。如果要看到被拒绝的更新程序，请在图14-6-9所示的界面中的**审批**处选择**已拒绝**后单击**刷新**。

图 14-6-9

14.6.4 自动审批更新程序

可以设置当WSUS服务器与Windows Update同步时，自动审批所下载的更新程序，例如希望所有下载的**安全更新**与**关键更新**都能够自动审批给所有计算机：【如图14-6-10所示单击选项界面中的**自动审批**➲在前景图中勾选**默认的自动审批规划**➲单击 确定 按钮】（由图中可看出还可以自行建立自动审批规则，或编辑、删除现有规则）。如果要将此规则应用到已经同步的更新程序，请单击界面中的**运行规则**。

图 14-6-10

在单击图14-6-11所示的界面中的**高级**选项卡后，还可以更改以下设置：

- **自动审批WSUS产品本身的更新**：让WSUS产品本身的更新程序自动被审批。
- **自动审批已审批的更新的新修订**：如果已审批的更新程序未来有修订版，则自动审批此修订版本的更新程序。

图 14-6-11

- **当新修订导致更新过期时自动拒绝更新**：当未来有新修订的版本出现而使得旧版本过期时，自动拒绝这个过期的旧更新程序。

14.7 自动更新的组策略设置

前面曾经介绍过几个与自动更新有关的组策略设置，本节将介绍更多的设置（参考图14-7-1），这些位置用于进一步管理客户端计算机与WSUS服务器之间的通信方式。可以针对整个域内的计算机或某个组织单位内的计算机来设置组策略。建议通过另外创建GPO的方式来设置，尽量不要通过更改内建的Default Domain Policy或Default Domain Controllers Policy来设置。这些设置在【计算机设置➲策略➲管理模板➲Windows组件➲Windows更新】中。

图 14-7-1

1. 配置自动更新

用来设置客户端下载与安装更新程序的方式，此策略已在图14-5-3解释过了。

2. 指定Intranet Microsoft更新服务位置

用来指定让客户端计算机从WSUS服务器来获取更新程序，同时也设置让客户端将更新结果返回给WSUS服务器，此策略已经在图14-5-4解释过了。

3. 自动更新检测频率

用来设置客户端计算机每隔多长时间来连接WSUS服务器，以便检查是否有最新的更新程序可供下载与安装，此策略已经在图14-6-8解释过了。

4. 允许非管理员接收更新通知

如果在**设置自动更新**策略中设置成在下载前或安装前通知用户，则默认只有管理员才会收到此通知信息（例如右下角的状态栏会显示通知图标），然而启用此策略后，就可以让非管理员也收到通知信息。如果此策略被设置为**已禁用**或**尚未设置**，则只有管理员才会收到通知信息。

5. 允许自动更新立即安装

当更新程序下载完成且准备好可以安装时，默认是根据在**设置自动更新**策略内的设置来决定何时安装此更新程序，然而启用此策略后，某些更新程序会被立即安装。这些更新程序是指那些既不会中断Windows服务，也不会重新启动Windows系统的更新程序。

6. 对于有已登录用户的计算机，计划的自动更新安装不执行重新启动

如果在**设置自动更新**策略中选择计划安装更新程序，有的更新程序安装完成后需要重新启动计算机，而**对于有已登录用户的计算机，计划的自动更新安装不执行重新启动**策略用来设置如果有用户登录客户端计算机，是否要自动重新启动计算机。

如果启用此策略，则系统会通知已经登录的用户，要求用户重新启动系统以便完成安装程序。

如果此策略被设置为**已禁用**或**未设置**，则系统会通知已经登录的用户，此计算机将在5分钟后（此时间可通过下一个策略来更改）自动重新启动。

7. 对计划的安装延迟重新启动

用来设置计划安装完成后，系统自动重新启动前需等待的时间（默认为5分钟），请参考前一个策略的说明。

8. 对计划的安装再次提示重新启动

通过计划安装更新程序后需要重新启动计算机，且系统也通知已经登录的用户此计算机将在5分钟后（默认值）自动重新启动，此时如果用户在通知界面选择不要重新启动，则系统等一段时间后还是会再次通知用户计算机将在5分钟后重新启动，此等待时间的长短可通过本策略来设置。

如果启用本策略，请指定重新通知用户的等待时间。如果此策略被设置为**已禁用**或**未设置**，则默认会等10分钟后再通知用户。

9. 重新计划自动更新计划的安装

通过计划指定某个时间点来执行安装更新程序的工作，但是时间到达时，客户端计算机却没有开机，因此就没有安装已经下载的更新程序。此策略是用来设置客户端计算机重新启动完成后，需等多少时间后开始安装之前错过安装的更新程序。

如果如图14-7-2所示启用此策略并指定等待时间，则客户端计算机重新启动后，就会等待指定时间后再开始安装之前错过安装的更新程序。如果禁用此策略，则客户端计算机需等下一次计划的时间到达时才会安装错过安装的更新程序。如果此策略被设置为**未设置**，则默认是客户端计算机重新启动1分钟后再开始安装之前错过安装的更新程序。

图 14-7-2

10. 允许客户端目标设置

应用此设置的所有客户端计算机会被自动加入指定的计算机组内，因此管理员就不需要利用**WSUS管理控制台**来执行手动加入的工作，例如在图14-7-3所示的界面中我们通过此策略来让客户端自动加入**业务部计算机**组内。

图 14-7-3

11. 允许来自Intranet Microsoft更新服务位置的签名更新

如果此策略启用，客户端计算机就可以从WSUS服务器下载由其他第三方所开发与签署的更新程序；如果未启用或禁用此策略，则客户端计算机仅能够下载由Microsoft所签署的更新程序。

12. 删除到"Window 更新"的链接和访问

虽然WSUS客户端通过WSUS服务器只能够取得经过审批的更新程序，但是本地管理员仍然有可能通过**开始**菜单的**Window Update**链接，私自直接连接Microsoft Update网站，下载与安装未经过审批的更新程序。为了减少这种状况的发生，建议通过此策略来将客户端计算机的**开始**菜单的**Window Update**链接删除：【展开**用户配置**➲**策略**➲**管理模板**➲"**开始**"**菜单和任务栏**➲如图14-7-4所示启用**删除到"Windows更新"的链接和访问**策略】。完成后，客户端计算机的**开始**菜单与Internet Explorer的**工具**菜单内就不会再显示**Window Update**链接，同时在**控制面板**的**Windows更新**内的**检查更新**也会失效。

13. 关闭对所有Windows Update功能的访问

如果启用此策略，则会禁止客户端访问Microsoft Update网站。例如客户端通过**开始**菜单的**Windows Update**链接去连接http://windowsupdate.microsoft.com/网站会被拒绝，直接在浏览器内输入上述网址来连接Windows Update网站也会被拒绝。换句话说，客户端计算机将无法直接从Microsoft Update网站获取更新程序，不过还是可以从WSUS服务器来取得。启用此策略的方法为：【展开**计算机配置**➲**策略**➲**管理模板**➲**系统**➲**Internet通信管理**➲**Internet通信设置**➲如图14-7-5所示启用**关闭对所有Windows更新功能的访问**策略】。

图 14-7-4

图 14-7-5

第 15 章　AD RMS 企业文件权限管理

Active Directory Rights Management Services（AD RMS）能够确保企业内部数字文件的机密性，用户就算有权限读取受保护的文件，但如果未被授权，也无法复制与打印该文件。

- ➲ 15.1 AD RMS概述
- ➲ 15.2 AD RMS实例演练

15.1 AD RMS概述

我们虽然可以通过NTFS（与ReFS）权限来设置用户的访问权限，然而NTFS权限还是有不足之处，例如授权用户可以读取某个内含机密资料的文件，此时用户便可以复制文件内容或将文件存储到其他位置，如此便有可能将这份机密文件的内容泄露出去，尤其现在可便携式存储设备盛行（例如U盘），用户可以轻易地将机密文件带离公司。

Active Directory Rights Management Services（AD RMS）是一种信息保护技术，在搭配支持AD RMS的应用程序（以下简称为**AD RMS-enabled应用程序**）后，文件的所有者可以将文件设置为权限保护文件，并授予其他用户读取、复制或打印等权限。如果用户只被授予读取权限，则他无法复制文件内容，也无法打印文件。发送邮件者也可以限制收件人转发此邮件。

每一份权限保护文件内都存储着保护信息，不论这份文件被移动、复制到何处，这些保护信息都仍然存在文件内，因此可以确保文件不会被未经授权的用户访问。AD RMS可以保护企业内部的机密文件与知识财产，例如财务报表、技术文件、客户数据、法律文件与电子邮件内容等。

15.1.1 AD RMS的需求

一个基本AD RMS环境包含着如图15-1-1所示的组件。

图 15-1-1

- **域控制器**：AD RMS需AD DS的域环境，因此需要域控制器。
- **AD RMS服务器**：客户端需要证书与授权才可以进行文件权限保护的工作，访问受权限保护的文件，而AD RMS服务器就负责证书与授权的发放。可以搭建多台AD RMS服务器来提供容错与负载均衡功能，其中第1台服务器被称为**AD RMS根群集服务器**。

  由于客户端是通过HTTP或HTTPS来与AD RMS服务器通信的，因此AD RMS服务器需搭建IIS（Internet Information Services）网站。

- **数据库服务器**：用来存储AD RMS配置与策略等信息，可以使用Microsoft SQL Server 来搭建数据库服务器。也可以直接使用AD RMS服务器内置数据库，不过此时只能够搭建一台AD RMS服务器。
- **执行"AD RMS-enabled应用程序"的客户端用户**：用户执行**AD RMS-enabled应用程序**（例如Microsoft Office Word 2021），并利用它来建立、编辑与将文件设置为受保护的文件，然后将此文件存储到其他用户可以访问的位置，例如网络共享文件夹、U盘等。

15.1.2　AD RMS如何工作

以图15-1-1为例，文件所有者建立受保护的文件、文件接收者访问此文件的流程如下：

（1）当文件所有者第一次执行保护文件工作时，他会从AD RMS服务器取得证书，拥有证书后便可以执行保护文件的工作。

（2）文件所有者利用AD RMS-enabled应用程序建立文件，并且执行保护文件的步骤，也就是设置此文件的权限与使用条件，同时该应用程序会将此文件加密。接着会建立**发布许可证**，发布许可证内包含着文件的权限、使用条件与解密密钥。

> 权限包含读取、更改、打印、转发与复制内容等，权限可搭配使用条件，例如可访问此文件的期限。系统管理员也可以通过AD RMS服务器的设置来限制某些应用程序或用户不能打开受保护的文件。

（3）文件所有者将受保护的文件（内含发布许可证）存储到可供文件接收者访问的位置，或将它直接传送给文件接收者。

（4）文件接收者利用AD RMS-enabled应用程序打开文件时，会向AD RMS服务器发送索取**用户许可证**的要求（此要求内包含着文件的发布许可证）。

（5）AD RMS服务器通过发布许可证内的信息确认文件接收者有权访问此文件后，会建立用户所要求的用户许可证（内含权限、使用条件与解密密钥），然后将用户许可证发给文件接收者。

（6）文件接收者的AD RMS-enabled应用程序收到用户许可证后，会利用用户许可证内的解密密钥来解密受保护的文件与访问该文件。

15.2　AD RMS实例演练

我们将通过图15-2-1来练习搭建一个AD RMS企业权限管理的环境。图中为了降低环境复杂度，不使用数据库服务器，而是使用AD RMS服务器的内置数据库，同时将权限保护文件直接放置到域控制器DC的共享文件夹内，客户端只用一台Windows 11计算机，文件所有者与文件接收者都使用这一台计算机。

图15-2-1

15.2.1 准备好计算机

请准备好图15-2-1中的3台计算机，并且需要一个AD DS域环境，假设我们所建立的域名为sayms.local：

- 安装好图中每一台计算机的操作系统，图中域控制器DC与AD RMS服务器都是Windows Server 2022 Datacenter，客户端计算机为Windows 11 Professional。

- 如果是利用Hyper-V、VMware或VirtualBox来建置虚拟机DC与ADRMS，且其虚拟硬盘是从同一虚拟硬盘复制而来，则在虚拟机内执行Sysprep.exe并勾选通用。

- 依照图15-2-1来设置每一台计算机的网卡IP地址、子网掩码、首选DNS服务器（默认网关可不用设置）：【单击下方的**文件资源管理器**图标 ➲选中左下方的**网络**并右击➲**属性** ➲单击以太网➲**属性**➲**Internet通信协议第4版**（TCP/IPv4）】。

- 将3台计算机的计算机名称分别变更为DC、ADRMS与Win11PC1：【单击下方的**文件资源管理器**图标 ➲选中左下方的**本地**并右击➲**属性**➲**重命名这台电脑**】，完成后重新启动计算机。

- 暂时将每一台计算机的**Windows Defender 防火墙**关闭（按 🔲 + R 组合键➲输入control单击 确定 按钮➲**Windows Defender防火墙**），以免下一个步骤的ping测试命令受到Windows Defender防火墙的阻挡。

- 执行以下步骤来测试各计算机之间是否可以正常通信：

  - 到域控制器DC上分别利用ping 192.168.8.2与ping 192.168.8.3来测试是否可以与AD RMS服务器、客户端计算机Win11PC1通信。

  - 到AD RMS服务器上分别利用ping 192.168.8.1与ping 192.168.8.3来测试是否可以与域控制器DC、客户端计算机Win11PC1通信。

  - 到客户端计算机Win11PC1上分别利用ping 192.168.8.1与ping 192.168.8.2来测试是否可以与域控制器DC、AD RMS服务器通信。

- 重新打开每一台计算机的Windows Defender 防火墙。

- 利用将图15-2-1左上角的服务器升级为域控制器的方式来建立域：到该服务器上打开**服务器管理**，添加**Active Directory域服务**角色，域名为sayms.local，林功能级别选默认的Windows Server 2016，完成后重新启动计算机。

- 分别到计算机ADRMS与Win11PC1上将它们加入域sayms.local：【单击下方的**文件资源管理器**图标█⮞选中**本地**并右击⮞**属性**⮞单击**重命名这台电脑（高级）**（如果是Windows Server 2022）或**域或工作组**（如果是Windows 11）⮞单击 更改 按钮⮞……】，完成后重新启动计算机。

15.2.2 建立用户账户

我们要在AD DS数据库内建立文件所有者的账户george与文件接收者的账户mary，还有一个用来启动AD RMS服务的账户ADRMSSRVC（名称是随意命名的），这3个账户都是普通账户，不需要给予特殊权限。

请利用域Administrator登录到域控制器DC上：【打开**服务器管理器**⮞单击右上角的**工具**⮞**Active Directory管理中心**】，然后分别建立george、mary与ADRMSSRVC这3个账户（假设建立在Users容器），在建立账户过程中选择**其他密码选项**后勾选**密码永不过期**，替george与mary设置电子邮件地址，假设分别是george@sayms.local与mary@sayms.local（图15-2-2为george的界面）。

图15-2-2

1. 安装Active Directory Rights Management Services

请到服务器ADRMS上利用域sayms\Administrator身份登录，然后通过**添加服务器**角色的方式来安装Active Directory Rights Management Services。

> 安装Active Directory Rights Management Services的用户必须隶属于本地组Administrators与域Enterprise Admins组，我们目前使用的sayms\Administrator默认就是隶属于这两个组。

STEP **1** 打开**服务器管理器**⮞单击仪表板处的**添加角色和功能**。

STEP **2** 接下来几个界面都单击 下一步 按钮，一直到出现如图15-2-3所示的界面，勾选**Active Directory Rights Management Services**后单击 添加功能 按钮。

图 15-2-3

STEP 3 接下来的步骤都单击 下一步 按钮，一直到**确认安装选项**界面时单击 安装 按钮。

STEP 4 安装完成后，如图15-2-4所示单击**执行其他配置**（如果已经关闭此窗口，可通过单击**仪表板**右上方的**旗帜**来设置）。

图 15-2-4

STEP 5 出现**AD RMS配置**界面时单击 下一步 按钮。

STEP 6 在图15-2-5所示的界面中单击 下一步 按钮。由图得知可搭建两种群集：用于认证和授权的**根群集**与**仅授权群集**。所安装第1台服务器会成为**根群集**。

图 15-2-5

如果环境比较复杂，则可以在搭建**根群集**后另外再搭建**仅授权群集**，不过建议都使用**根群集**，然后将其他AD RMS服务器加入此**根群集**，因为**根群集**与**仅授权群集**无法在同一个负载均衡池（load-balancing pool）中使用。

STEP **7**　如图15-2-6所示选择**在此服务器上使用Windows内部数据库**后单击 下一步 按钮。

图 15-2-6

因为我们选择内置数据库，所以只能够搭建一台AD RMS服务器。如果要使用SQL 数据库服务器，请选择**指定数据库服务器和数据库实例**，该服务器必须加入域，同时用来安装Active Directory Rights Management Services的域用户账户也需隶属于该数据库服务器的本地Administrators组，如此才有权限在该数据库服务器内建立AD RMS所需的数据库。

STEP **8**　在图15-2-7所示的界面中通过单击 指定 按钮来选择用来启动AD RMS服务的域用户账户SAYMS\ADRMSSRVC。完成后单击 下一步 按钮。

图 15-2-7

STEP **9**　在图15-2-8所示的界面中直接单击 下一步 按钮。

图 15-2-8

STEP **10** 在图15-2-9所示的界面中直接单击 下一步 按钮。

图 15-2-9

STEP **11** 在图15-2-10所示的界面中为群集密钥密码（cluster key）设置一个密码后单击 下一步 按钮。当要将其他AD RMS服务器加入此群集时，就必须提供此处设置的密码。AD RMS会利用群集密钥密码来签署所发放的证书与授权。

图 15-2-10

STEP **12** 在图15-2-11所示的界面中将IIS的Default Web Site当作群集网站后单击 下一步 按钮。

图 15-2-11

STEP **13** 在图15-2-12所示的界面中选择让客户端利用http来连接群集网站并设置其网址，例如 http://adrms.sayms.local，其中的adrms为AD RMS服务器的计算机名称。也可以选用其他名称，但需在DNS服务器内添加其主机与IP地址的记录。完成后单击 下一步 按钮。

图 15-2-12

> 如果要使用较安全的https连接，AD RMS服务器需要证书，证书的相关说明可参考
> 《**Windows Server 2022系统与网站配置实战**》一书。

STEP **14** 群集中的第1台AD RMS服务器会自行建立一个被称为**服务器许可证书**的证书
（server licensor certificate，SLC），拥有此证书便可以对客户端发放证书与授权。
请在图15-2-13所示的界面中替这个SLC命名，以便让客户端通过此名称来辨识这个
AD RMS群集（加入此群集的其他AD RMS服务器会共享这个SLC证书）。图中采用
默认值。完成后单击 下一步 按钮。

图 15-2-13

STEP **15** 在图15-2-14所示的界面中单击 下一步 按钮，它会将AD RMS服务连接点（service
connection point，SCP）注册到AD DS数据库内，以便让客户端通过AD DS来找到这
台AD RMS服务器。

> 用来将AD RMS SCP注册到AD DS的用户账户必须隶属于域Enterprise Admins组，如果是
> 利用其他用户来注册与安装Active Directory Rights Management Services，则该用户必须先
> 加入Enterprise Admins组内，安装完成后，就可以将它从此组内删除。

图 15-2-14

STEP 16 出现**确认安装选项界面**时单击 安装 按钮，安装完成后单击 关闭 按钮。

STEP 17 完成安装后，目前登录的用户账户（sayms\Administrator）会被加入本地**AD RMS Enterprise系统管理员**组内，此用户就有权限来管理AD RMS（可通过【打开**服务器管理器**➲单击右上角的**工具**➲**Active Directory Rights Management Services**】进行管理），不过他需先注销再重新登录后才有效。

> 注销后再重新登录，才会更新用户的**访问令牌**（access token，见第8章），如此用户才具备本地 **AD RMS Enterprise 系统管理员**组的权限。

2. 建立存储权限保护文件的共享文件夹

我们要建立一个共享文件夹，然后将文件所有者的权限保护文件放到此文件夹内，以便文件接收者可以到此共享文件夹来访问此文件。本范例要将共享文件夹创建在域控制器DC内（也可以建立在其他计算机内。如果要通过将文件存储到U盘的方式来练习，则以下步骤可免）。

STEP 1 到域控制器DC上利用域Administrator身份登录：【打开**文件资源管理器**➲单击**此电脑**➲双击C:磁盘➲在右侧空白处右击➲**新建**➲**文件夹**➲输入文件夹名称，假设为public】。

STEP 2 选中文件夹public并右击➲**授予访问权限**➲**特定用户**➲如图15-2-15所示赋予Everyone**读取/写入权限**➲单击 共享 按钮。

STEP 3 出现**你的文件夹已经共享**界面时单击 完成 按钮。

3. 测试AD RMS的功能

我们会先在客户端计算机Win11PC1上安装Microsoft Word 2021，然后利用george身份登录与创建权限保护文件，最后利用mary身份登录并访问此文件。

图15-2-15

⇨ 限制只能够读取文件，不可打印、复制文件

STEP 1 到客户端计算机Win11PC1上利用george@sayms.local身份登录，安装Microsoft Word 2021（可能需输入具备系统管理员权限的账户与密码）。

STEP 2 通过【单击下方的**文件资源管理器**图标 ⇨选中左下方的**网络**并右击 ⇨**属性**⇨单击左下角的Internet**选项**⇨**安全**选项卡 ⇨单击**本地Intranet**⇨单击 站点 按钮 ⇨单击 高级 按钮 ⇨输入http://adrms.sayms.local ⇨单击 添加 按钮 ⇨单击 关闭 按钮 ⇨单击 确定 按钮 ⇨……】的方法来将AD RMS群集网站加入**本地Intranet**的安全区域内。

STEP 3 单击下方的**开始**图标 ⇨单击**Word**图标建立一个文件 ⇨单击左上角的**文件**⇨如图15-2-16所示单击保护文档 ⇨限制访问 ⇨连接到权限管理服务器并获取模板。

图15-2-16

如果要求输入账号与密码，且之后出现如图15-2-17所示的警告界面，则可能是在STEP **2** 未将http://adrms.sayms.local加入本地Intranet的站点内。

图 15-2-17

STEP 4 接下来请如图15-2-18所示【单击**保护文档**➜**限制访问**➜**限制访问**】。

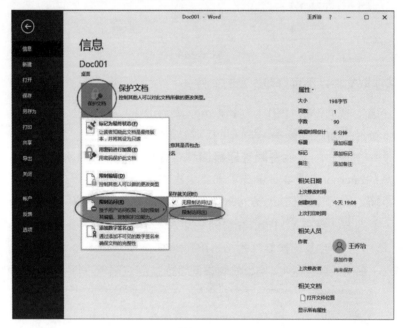

图 15-2-18

STEP 5 在图15-2-19所示的界面中勾选**限制对此文档的权限**，然后单击 读取 或 更改 按钮来开放权限，完成后单击 确定 按钮。图中我们选择开放读取权限给用户mary@sayms.local。如果要进一步开放权限，请单击 其他选项 按钮，然后通过图15-2-20所示的界面来设置，由此图可知还可以设置文件到期日期、是否可打印文件内容、是否可复制内容等。

STEP 6 请通过左上角的**另存为**来将文件存储到共享文件夹\\DC\Public内，假设我们要将文件名设置为**ADRMS测试文件.docx**，此时可直接输入\\DC\Public**ADRMS测试文件**。

STEP 7 注销账户，改为用户账户mary@sayms.local登录。

STEP 8 通过【单击下方的**文件资源管理器**图标■■➜选中左下方的**网络**并右击➜**属性**➜单击左下角的**Internet选项**➜**安全**选项卡➜单击**本地Internet**➜单击 站点 按钮➜单击 高级 按钮➜输入http://adrms.sayms.local➜单击 添加 按钮➜单击 关闭 按钮➜单击 确定 按钮➜……】的方法来将AD RMS群集网站加入**本地Internet**的安全区域内。

STEP 9 单击下方的**开始**图标■■➜单击**Word**图标➜打开位于下列路径的文件\\DC\public\
ADRMS测试文件.docx。

图 15-2-19

图 15-2-20

STEP **10** 验证成功后会出现如图15-2-21所示的界面与文件内容，由图可知这份文件的权限受到限制，目前用户mary仅能阅读此文件，因此无法另存为，也无法打印文件（包含按 PrtScr 键或 Alt ＋ PrtScr 组合键），而且选取文件的任何内容后右击并不能选择**复制**与**剪切**。如果mary想要向文件所有者george索取其他权限，则可以通过【单击图中 查看权限 按钮➡请求其他权限】的方法来发送申请权限的邮件给george。

图 15-2-21

如果在STEP **8** 中未将http://adrms.sayms.local加入**本地Internet**的安全区域内，则可能会出现如图15-2-22所示的警告界面，此时请单击 确定 按钮，然后输入账号与密码。

图 15-2-22

⇒ 限制邮件转发

如果是通过Microsoft Outlook来收发邮件，还可以限制收件人不可以转发邮件：在Microsoft Outlook的**新建电子邮件**窗口内完成邮件内容的输入后【单击左上角的**文件**⊃如图15-2-23所示单击**设置权限**⊃**不可转发**】。收件人收到邮件后，如图15-2-24所示只可以阅读此邮件，无法转发此邮件，也无法打印或复制邮件内容。

图 15-2-23

图 15-2-24

> 如果要练习此邮件转发限制，可以直接利用前面所搭建的测试环境，但还需要搭建一台电子邮件服务器（例如Microsoft Exchange Server），并为发件人与收件人在电子邮件服务器内创建电子邮件信箱。此外，还需要在客户端计算机安装Microsoft Outlook。

第 16 章　AD DS 与防火墙

如果两台域控制器之间或域控制器与成员计算机之间被防火墙隔开，那么如何让AD DS数据库复制、用户身份验证、网络资源访问等行为穿越防火墙的阻隔，便成为系统管理员必须了解的重要课题。

- ➲ 16.1 AD DS相关的端口
- ➲ 16.2 限制动态RPC端口的使用范围
- ➲ 16.3 IPSec与VPN端口

16.1 AD DS相关的端口

不同的网络服务会使用不同的TCP或UDP端口（port），如果防火墙没有开放相关端口，将造成这些服务无法正常运行。我们先在表16-1-1中列出AD DS（Active Directory域服务）一些相关的服务与其所占用的TCP/UDP端口，然后再说明这些服务的使用场合。

表16-1-1 AD DS相关的服务与其所占用的TCP/UDP端口

服 务	TCP端口	UDP端口
RPC Endpoint Mapper	135	
Kerberos	88	88
LDAP	389	389
LDAPS（LDAP over SSL）	636	636
LDAP GC（LDAP Global Catalog）	3268	
LDAPS GC（LDAP Global Catalog over SSL）	3269	
SMB（Microsoft CIFS）	445	
DNS	53	53
Network Time Protocol（NTP）		123
AD DS数据库复制、文件复制服务（FRS）、分布式文件系统（DFS）等服务	使用动态端口：可限制端口范围或将它更改为静态端口	
NetBIOS Name Service		137
NetBIOS Datagram Service		138
NetBIOS Session Service	139	

16.1.1 将客户端计算机加入域、用户登录时会用到的端口

将客户端计算机加入域、用户登录时会用到以下服务，因此如果客户端计算机与相关服务器（域控制器、DNS服务器）之间被防火墙隔开，请在防火墙开放以下端口：

- Microsoft CIFS：445/TCP
- Kerberos：88/TCP、88/UDP
- DNS：53/TCP、53/UDP
- LDAP：389/TCP、389/UDP
- Netlogon服务：NetBIOS Name Service（137/UDP）/NetBIOS Datagram Service（138/UDP）/NetBIOS Session Service（139/TCP）与SMB（445/TCP）

16.1.2 计算机登录时会用到的端口

计算机登录到域时会用到以下服务，因此如果域成员计算机与相关服务器（域控制器、DNS服务器）之间被防火墙隔开，请在防火墙开放以下端口：

- Microsoft CIFS：445/TCP
- Kerberos：88/TCP、88/UDP
- LDAP：389/UDP
- DNS：53/TCP、53/UDP

16.1.3　建立域信任时会用到的端口

位于不同林的域之间在建立快捷方式信任、外部信任等**显性的信任**（explicit trust）关系时，会用到以下服务，因此如果这两个域的域控制器之间被防火墙隔开，请在防火墙开放以下端口：

- Microsoft CIFS：445/TCP
- Kerberos：88/TCP、88/UDP
- LDAP：389/TCP、389/UDP
- LDAPS：636/TCP（如果使用SSL）
- DNS：53/TCP、53/UDP

16.1.4　验证域信任时会用到的端口

不同域的域控制器之间在验证信任关系时会用到以下服务，因此如果这些域控制器之间被防火墙隔开，请在防火墙开放以下端口：

- Microsoft CIFS：445/TCP
- Kerberos：88/TCP、88/UDP
- LDAP：389/TCP、389/UDP
- LDAPS：636/TCP（如果使用SSL）
- DNS：53/TCP、53/UDP
- Netlogon 服务：NetBIOS Name Service（137/UDP）/NetBIOS Datagram Service（138/UDP）/NetBIOS Session Service（139/TCP）与SMB（445/ TCP）

16.1.5　访问文件资源时会用到的端口

访问文件资源时所使用的服务为SMB（445/TCP）或NetBIOS Name Service（137/UDP）/NetBIOS Datagram Service（138/UDP）/NetBIOS Session Service （139/TCP），因此如果用户的计算机与资源所在的计算机被防火墙隔开，请在防火墙开放这些服务的端口。

16.1.6　执行DNS查询时会用到的端口

如果要通过防火墙来向DNS服务器提出查询要求，例如查询域控制器的IP地址，就需要开放DNS服务的端口53/TCP与53/UDP。

16.1.7 执行AD DS数据库复制时会用到的端口

两台域控制器之间在进行AD DS数据库复制时会用到以下服务，因此如果这两台域控制器之间被防火墙隔开，请在防火墙开放以下端口：

- **AD DS数据库复制**

  它不是使用静态RPC（Remote Procedure Call）端口，而是使用动态RPC端口（其范围为49152～65535），此时我们要如何来开放端口呢？还好动态RPC端口被限制在一段较小的范围内（见16.2.1节限制所有服务的**动态RPC端口范围**的说明），因此我们只要在防火墙开放这一小段范围的TCP端口即可。

  也可以自行指定一个静态的端口，参见16.2.2节限制**AD DS数据库复制使用指定的静态端口**的说明。

- RPC Endpoint Mapper：135/TCP

  使用动态RPC端口时，需要搭配RPC Endpoint Mapper服务，因此请在防火墙开放此服务的端口。

- Kerberos：88/TCP、88/UDP
- LDAP：389/TCP、389/UDP
- LDAPS：636/TCP（如果使用SSL）
- DNS：53/TCP、53/UDP
- Microsoft CIFS：445/TCP

16.1.8 文件复制服务（FRS）会用到的端口

如果域功能级别是Windows Server 2008以下，则同一个域的域控制器之间在复制SYSVOL文件夹时，会使用FRS（File Replication Service）。FRS也采用动态RPC端口，因此如果将动态RPC端口限制在一段较小范围内，则我们只要在防火墙开放这段范围的TCP端口即可。但是使用动态RPC端口时，需要搭配RPC Endpoint Mapper服务，因此请在防火墙开放RPC Endpoint Mapper：135/TCP。

也可以自行指定一个静态的端口，参见16.2.3节限制**FRS使用指定的静态端口**的说明。

16.1.9 分布式文件系统（DFS）用到的端口

如果域功能级别为Windows Server 2008（含）以上，则Windows Server 2008（含）上的域控制器之间在复制SYSVOL文件夹时需利用DFS复制服务（DFS Replication Service），因此如果这些域控制器之间被防火墙隔开，请在防火墙开放以下的端口：

- LDAP：389/TCP、389/UDP
- Microsoft CIFS：445/TCP

- NetBIOS Datagram Service：138/UDP
- NetBIOS Session Service：139/TCP
- Distributed File System（DFS）

  DFS也采用动态RPC端口，因此如果将动态RPC端口限制在一段较小范围内，则我们只要在防火墙开放这段范围的TCP端口即可。

  也可以自行指定一个静态的端口。

- RPC Endpoint Mapper：135/TCP

  使用动态RPC端口时，需要搭配RPC Endpoint Mapper服务，因此请在防火墙开放此服务的端口。

16.1.10　其他可能需要开放的端口

- **LDAP GC、LDAPS GC：3268/TCP、3269/TCP（如果使用SSL）**

  假设用户登录时，负责验证用户身份的域控制器需要通过防火墙来向**全局编录服务器**查询用户所隶属的通用组数据时，就需要在防火墙开放端口3268或3269。

  又例如Microsoft Exchange Server需要访问位于防火墙另外一端的**全局编录服务器**，也需要开放端口3268或3269。

- Network Time Protocol（NTP）：123/UDP

  它负责时间的同步（参见10.1.4节**PDC模拟器操作主机**的说明）。

- NetBIOS的相关服务：137/UDP、138/UDP、139/TCP

  开放这些端口，以便通过防火墙来使用NetBIOS服务，例如支持旧客户端来登录、浏览网上邻居等。

16.2　限制动态RPC端口的使用范围

动态RPC端口是如何运行的呢？以Microsoft Office Outlook（MAPI客户端）与Microsoft Exchange Server之间的通信为例：客户端Outlook先连接Exchange Server的RPC Endpoint Mapper（RPC Locator Services，TCP端口135），RPC Endpoint Mapper再将Exchange Server所使用的端口（动态范围为49152～65535）通知客户端，客户端Outlook再通过此端口来连接Exchange Server。

AD DS数据库的复制、Outlook与Exchange Server之间的通信、文件复制服务、分布式文件系统等默认都是使用动态RPC端口，也就是没有固定的端口，这将造成在防火墙设置上的困扰，还好动态RPC端口可以被限制在一段较小的范围内，如此我们只要在防火墙开放这段范围的端口即可。

16.2.1 限制所有服务的动态RPC端口范围

以下说明如何将计算机所使用的动态RPC端口限制在指定的范围内。假设我们要将它限制为从8000起开始，总共1000个端口号（端口号最大为65535）。

请开启Windows PowerShell窗口，执行以下2个命令（参见图16-2-1，其中第一行是针对TCP，第二行是针对UDP）：

```
Set-NetTCPSetting -DynamicPortRangeStartPort 8000 -
DynamicPortRangeNumberOfPorts 1000
    Set-NetUDPSetting -DynamicPortRangeStartPort 8000 -
DynamicPortRangeNumberOfPorts 1000
```

图 16-2-1

也可以执行以下的netsh命令（IPv4与IPv6分开设置）：

```
netsh  int  ipv4  set  dynamicport  tcp  start=8000  num=1000
netsh  int  ipv4  set  dynamicport  udp  start=8000  num=1000
netsh  int  ipv6  set  dynamicport  tcp  start=8000  num=1000
netsh  int  ipv6  set  dynamicport  udp  start=8000  num=1000
```

如果要检查目前的TCP与UDP动态RPC端口范围，请执行以下命令（参见图16-2-2）：

```
Get-NetTCPSetting -Setting Internet
Get-NetUDPSetting
```

图 16-2-2

其中的Get-NetTCPSetting -Setting Internet也可改为Get-NetTCPSetting，但是会显示较多不相关的资料。

也可以执行以下的netsh命令来查看：

```
netsh  int  ipv4  show  dynamicport  tcp
netsh  int  ipv4  show  dynamicport  udp
netsh  int  ipv6  show  dynamicport  tcp
netsh  int  ipv6  show  dynamicport  udp
```

可以利用以下步骤来练习与验证：假设域内有一台域控制器与一台成员服务器，请修改域控制器的上述端口设置值，然后重新启动成员服务器，在大约快要出现登录界面时（此时它会与域控制器通信）改到域控制器上开启Windows PowerShell窗口，执行**netstat -n**命令来查看目前所使用的端口。此时应该可以看到某些服务（与AD有关的服务）所使用的端口从8000开始。如图16-2-3所示，图中IP地址为192.168.8.1的计算机是域控制器，其端口是8542，而IP地址为192.168.8.4的计算机是成员服务器，其端口（50127与50128）在预设的范围内（49152～65535）。也可以利用PowerShell命令**Get-NetTCPConnection**来查看。

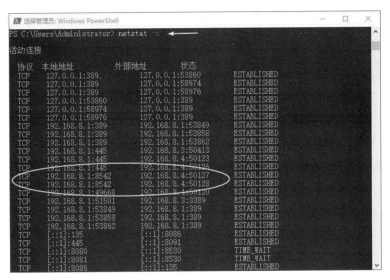

图 16-2-3

16.2.2　限制AD DS数据库复制使用指定的静态端口

域控制器执行AD DS数据库复制工作时，默认使用动态RPC端口，但是我们也可以自行指定一个静态的端口。请到域控制器上执行注册表编辑器REGEDIT.EXE，然后通过以下路径来设置：

```
HKEY_LOCAL_MACHINE\SYSTEM\CurrentControlSet\Services\NTDS\Parameters
```

在上述路径之下新增一个如表16-2-1所示的数值，图16-2-4为完成后的界面，图中我们将端口号设置为56789（十进制），注意此端口不可以与其他服务所使用的端口重复。

表16-2-1 新增数值

数值名称	数据类型	数 值
TCP/IP Port	REG_DWORD（DWORD（32-位）值）	自定义，例如56789（十进制）

图 16-2-4

完成后重新启动，以后这台域控制器在执行AD DS数据库复制时所使用的端口将会是56789（包含IPv4与IPv6）。可以先利用**Active Directory站点**和服务来手动与其他域控制器之间执行AD DS数据库复制的工作，然后在这台域控制器上开启Windows PowerShell窗口，执行netstat -n命令来查看所使用的端口。如图16-2-5所示，可以看到它使用的是我们指定的端口56789（图中为IPv4，往下滚动还可以看到IPv6）。

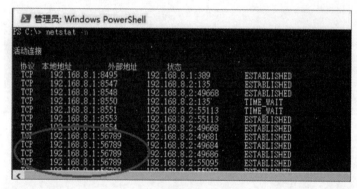

图 16-2-5

16.2.3 限制FRS使用指定的静态端口

如果域功能级别是Windows Server 2008以下，则同一个域的域控制器之间在复制SYSVOL文件夹时会使用FRS。FRS默认也是采用动态RPC端口，但是我们也可以自行指定一个静态的端口。请到域控制器上执行注册表编辑器REGEDIT.EXE，然后通过以下路径来设置：

```
HKEY_LOCAL_MACHINE\SYSTEM\CurrentControlSet\Services\NTFRS\Parameters
```

请在上述路径之下新增一个如表16-2-2所示的数值，表中我们将端口号设置为45678（十进制），注意此端口不可以与其他服务所使用的端口相同。完成后重新启动。以后这台域控制器的FRS服务所使用的端口将会是45678。

表16-2-2 新增数值

数值名称	数据类型	数 值
RPC TCP/IP Port Assignment	REG_DWORD	自定义，例如45678（十进制）

16.2.4 限制DFS使用指定的静态端口

如果域功能级别为Windows Server 2008（含）以上，则Windows Server 2008（含）以上的域控制器之间在复制SYSVOL文件夹时需利用**DFS复制服务**，而它也是采用动态RPC端口，我们也可以将它固定到一个静态的端口。请到域控制器上开启Windows PowerShell窗口，然后执行以下命令（见图16-2-6，图中假设将端口固定到34567）：

```
Set-DfsrServiceConfiguration  -RPCPort  34567
```

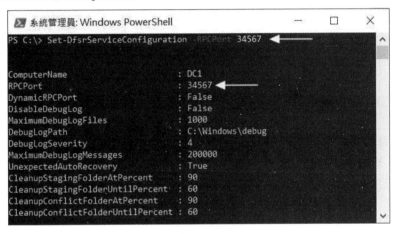

图 16-2-6

完成后重新启动此域控制器，以后其**DFS复制服务**所使用的端口将会是34567。

注意，此端口不可以与其他服务所使用的端口相同；还需在有安装**DFS复制服务**的服务器上执行上述命令，否则执行会失败。如果要安装**DFS复制服务**：打开**服务器管理器**⊃单击**仪表板**处的**添加角色和功能**⊃持续单击 下一步 按钮，一直到出现**选择服务器角色**界面时展开**文件和存储服务**⊃展开**文件和iSCSI服务**⊃勾选**DFS复制**⊃……。

也可以执行DFSRDIAG StaticRPC /Port:34567命令来达到相同目的。

16.3 IPSec与VPN端口

如果域控制器之间或域控制器与成员计算机之间，不但被防火墙隔开，而且所传送的数据还经过IPSec的处理，或经过PPTP、L2TP等VPN安全传输通道来传送，则还有一些通信协议或端口需在防火墙开放。

16.3.1 IPSec所使用的通信协议与端口

IPSec除了用到UDP通信协议外，还会用到ESP与AH通信协议，因此我们需要在防火墙开放相关的UDP端口与ESP、AH通信协议：

- Encapsulation Security Payload（ESP）：通信协议号为50。
- Authentication Header（AH）：通信协议号为51。
- Internet Key Exchange（IKE）：所使用的是UDP端口号500。

16.3.2 PPTP VPN所使用的通信协议与端口

除了TCP通信协议外，PPTP VPN还会使用到GRE通信协议：

- General Routing Encapsulation（GRE）：通信协议号为47。
- PPTP：所使用的是TCP端口号1723。

16.3.3 L2TP/IPSec所使用的通信协议与端口

除了UDP通信协议外，L2TP/IPSec还会用到ESP通信协议：

- Encapsulation Security Payload（ESP）：通信协议号为50。
- Internet Key Exchange（IKE）：所使用的是UDP端口号500。
- NAT-T：所使用的是UDP端口号4500，它让IPSec可以穿越NAT。

虽然L2TP/IPSec还会使用到UDP 端口1701，但它被封装在IPSec封包内，因此不需要在防火墙开放此端口。